电工作业

梁海葵　李冬梅　主编

庞广信　韦明劭　刘　宏　副主编

化学工业出版社

·北京·

内容简介

本书从电工特种作业人员工作实际出发，结合国家安全监管总局《特种作业人员安全技术培训大纲和考核标准》《特种作业安全技术实际操作考试标准》，以及职业院校电类专业学生的特点和企业工作实际，通过典型工作任务形式呈现教材内容。

本书主要涉及以下三个大方面：作业现场应急处理，包括职业感知与安全用电（任务一）；电工仪表安全使用，包括模拟式万用表使用（任务二）、三相异步电动机绝缘性能测试（任务三）、三相异步电动机工作电流检测（任务四）；电工安全技术操作，包括楼梯双控灯安装（任务五）、电动机点动与连续正转控制电路安装与检修（任务六）、电动机正反转控制电路安装与检修（任务七）。本书突出"做"，引导"学"，将实际工作任务典型化，旨在综合培养学生的安全作业能力。本书配有二维码，扫描即可查看配套的参考答案。

本书适合作为中职院校机电类、电气类专业及相关专业的教材，亦可以作为电工作业安全技术操作证的培训教材。

图书在版编目（CIP）数据

电工作业/梁海葵，李冬梅主编．—北京：化学工业出版社，2022.11
ISBN 978-7-122-42251-4

Ⅰ.①电… Ⅱ.①梁…②李… Ⅲ.①电工技术-中等专业学校-教材 Ⅳ.①TM

中国版本图书馆 CIP 数据核字（2022）第 177179 号

责任编辑：葛瑞祎　　　　　　　　　　装帧设计：刘丽华
责任校对：宋　玮

出版发行：化学工业出版社（北京市东城区青年湖南街 13 号　邮政编码 100011）
印　　装：河北鑫兆源印刷有限公司
787mm×1092mm　1/16　印张 12½　字数 229 千字　2023 年 2 月北京第 1 版第 1 次印刷

购书咨询：010-64518888　　　　　　　　售后服务：010-64518899
网　　址：http://www.cip.com.cn
凡购买本书，如有缺损质量问题，本社销售中心负责调换。

定　　价：39.00 元

前言

为了更好地适应特种作业人员安全技术培训教学发展要求，保证安全生产培训和考核质量，以《特种作业人员安全技术培训大纲和考核标准》《特种作业安全技术实际操作考试标准》为依据，按照"项目为载体，任务引领，行动导向"的职业教育教学理念，以电工作业人员安全技术技能养成为主线，确定和提炼低压电工作业人员安全技术典型任务，编写电工作业工作页。本书方便自学，既可作为特种作业人员（电工作业）安全技术操作证及初级电工技术等级实际操作培训用书，也可作为职业类院校电气、电子、自动化、机电类专业及其他工程院校相关专业的电工基本技能训练用教材。

本书内容包括职业感知与安全用电、模拟式万用表使用、三相异步电动机绝缘性能测试、三相异步电动机工作电流检测、楼梯双控灯安装、电动机点动与连续正转控制电路安装与检修、电动机正反转控制电路安装与检修。

本书编写工作重点主要体现在以下几个方面。

第一，合理设置工作任务和学习活动。首先，根据《特种作业人员安全技术培训大纲和考核标准》《特种作业安全技术实际操作考试标准》确定本书的课程能力目标，设计工作任务；其次，根据企业电工作业人员安全上岗所需能力要求和最新的国家技术标准编写具体内容，保证本书的科学性和规范性。

第二，加强安全实践技能的培养。根据企业提供的电工职业岗位的安全技能型人才所需能力的要求，进一步加强实践性特别是安全动手实践能力的养成，以最新的国家安全技术标准、规范、规程为依据，根据相关专业领域的最新发展，淘汰陈旧过时的内容，突出"做"，引导"学"，将实际工作任务典型化，综合培养培训学员的安全作业能力。

第三，精心设计教材形式。在教材内容的呈现形式上，各项目任务指引尽可能地使用图片、实物照片和表格等形式生动地展示出来，使学生更直观地理解和掌握所学内容。部分学习活动配有参考答案，扫描二维码即可查看。每个工作任务的"交付验收"和"总结与评价"可单独裁剪上交，便于考核。

本书由梁海葵、李冬梅主编，庞广信、韦明劭、刘宏担任副主编。任务一由班琳富、韦明劭编写；任务二、三、四由梁海葵、庞广信、刘宏编写；任务五、六、七由李冬梅、田建辉编写；本书由梁海葵统稿。本书在编写过程中，得到了南宁市安全生产宣传教育中心有关领导的指导与帮助，惠州市技师学院、广西交通技师学院、南宁市第一职业学校、广西机电职业技术学院也给予了大力支持，在此一并表示感谢。

　　限于编者的水平，书中难免存在不足之处，恳请读者批评指正。

编者

2022 年 9 月

目录

任务五　楼梯双控灯安装

任务六　电动机点动与连续正转控制电路安装与检修

任务七　电动机正反转控制电路安装与检修

参考文献

职业感知与安全用电

任务目标

1. 能够描述电工的职业特征。
2. 掌握电工安全生产要求及安全文明生产操作规程。
3. 掌握安全用电的基本知识，建立自觉遵守电工安全操作规程的意识。
4. 能准确分析触电事故案例并总结经验教训。
5. 掌握安全用电知识。

建议课时：20 课时

学习情境描述

　　安全文明生产既包括人身安全，也包括设备安全。电工必须接受安全教育，在具有遵守安全操作规程意识、了解安全用电常识后，经过专业学习与训练，并经考核合格后才能走上岗位。

学习流程与活动

1. 职业感知。
2. 安全用电。
3. 现场触电急救。
4. 总结与评价。

学习活动一　职业感知

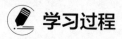 学习目标

1. 能描述电工的职业特征。
2. 能够顺利进行基本的沟通。
建议课时：4 课时

学习过程

一、参观与讨论

（1）参观某电工实训楼及电工技能小组训练现场，观察实训环境及训练内容，在教师的引导、讲解下，结合生活中亲朋好友的工作经历，讨论以下问题：

① 电工实训楼一共有多少个实训室？分别可以开展哪些实训项目？

----

② 开展了哪些电工技能小组训练？技能小组可以参加哪些技能大赛？

----

③ 你的亲朋好友中有从事电工工作的吗？他们主要负责什么工作？

（2）通过小组讨论，总结电工的主要工作有哪些？然后在教师点评的基础上，对答案进行补充完善，将讨论结果记录下来。

（3）通过查阅相关资料，了解我国电工专业技能人才的先进事迹。结合身边电工的工作经历，讨论除了专业技能，从事电工工作还需要具备哪些基本素质？

二、职业沟通能力练习

（1）在实际工作中，电工除了要掌握扎实的技术，还必须具有良好的表达沟通能力，如与客户、领导沟通等。以小组为单位分配角色（电工、领导、用户），通过角色扮演，练习沟通能力。通过小组讨论，设计对话情景和对话内容，可参考以下提示。

① 某花园小区，物业领导安排电工到业主家进行照明线路检修。电工到业主家后，业主责怪电工来得不及时，态度不好……此时电工应如何与业主进行沟通？

② 领导安排电工到机修车间进行机床线路检修，电工接受任务时，应向领导了解哪些内容？到机修车间后，应首先与什么人联系，沟通哪些内容？

（2）小组之间相互点评，指出沟通中内容、表达的疏漏或不妥之处，根据讨论意见和教师点评结果，将本组的不足之处记录下来。

（3）结合学校开展的"践行公约，展示风采"活动，围绕电工这一职业，进行职业生涯设计。形式可以是演讲、朗诵、小品等，内容要求积极健康。

学习活动二　安全用电

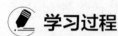 **学习目标**

1. 掌握安全用电的基本常识，建立自觉遵守安全操作规程的意识。
2. 能准确分析触电事故案例并总结经验教训，描述常见的触电方式，正确采取措施预防触电。
3. 能正确使用灭火器扑救电气火灾。

建议课时：8 课时

学习过程

一、讨论触电事故的现象及发生原因

观看安全用电录像，根据录像内容讨论触电事故发生的可能原因，并记录在表 1-1 中。

任务一-学习活动
二-部分参考答案

表 1-1　事故现象及发生原因记录

事故现象	触电原因

二、了解电工安全规程

电工在工作中经常要接触 220V 甚至更高等级的电压，带有一定的危险性。通过以上录像资料可以发现，很多电气事故的发生都是由于操作不规范或违反操作规程造成的。因此，在日常工作中，为确保人身、设备安全，必须遵守相关规程。在教师指导下，学习《电工安全操作规程》的内容。

三、认识交流电和直流电

日常生活中使用的电，可以分为直流电和交流电两大类。交流电的大小和方向都随着时间的变化而变化，其中应用较为广泛的是大小和方向按正弦规律变化的正弦交流电。直流电则方向不变，应用较为广泛的是大小和方向都不随时间变化的稳恒直流电。

（1）利用所学知识并查阅相关资料，讨论一下：实训室电源插座、7 号电池、手机电池、家中插座等分别提供哪一类电流？电压分别是多少？将讨论结果整理记录于表 1-2 中。

表 1-2　电气元件的电流类型与电压记录

电气元件	电流类型	电压
实训室电源插座		
7 号电池		
手机电池		
家中插座		

（2）通过观察实训台发现，每个实训台电源引入端都有五个端子，分别标有 L1、L2、L3、N、PE 字母，查阅相关资料，说明它们分别代表什么含义，又分别用什么颜色表示？将结果记录于表 1-3 中。

表 1-3　端子的含义及颜色记录

端子	含义	颜色
L1		
L2		
L3		

端子	含义	颜色
N		
PE		

四、触电及电气火灾的预防

1. 常见的触电方式

（1）单相触电：指人体站在地面或其他接地体上，人体的某一部位触及电气装置的任一相所引起的触电。

（2）两相触电：指人体同时触及任意两相带电体的触电方式。

（3）跨步电压触电：当人体两脚跨入触地点附近时，在前后两脚之间便存在电位差，此即跨步电压，由此造成的触电称为跨步电压触电。

除上述外，还有高压电弧触电、接触电压触电、雷电触电、静电触电等。请根据上述描述的触电方式的特点，把表 1-4 补充完整。

表 1-4　触电方式记录

图示	触电方式
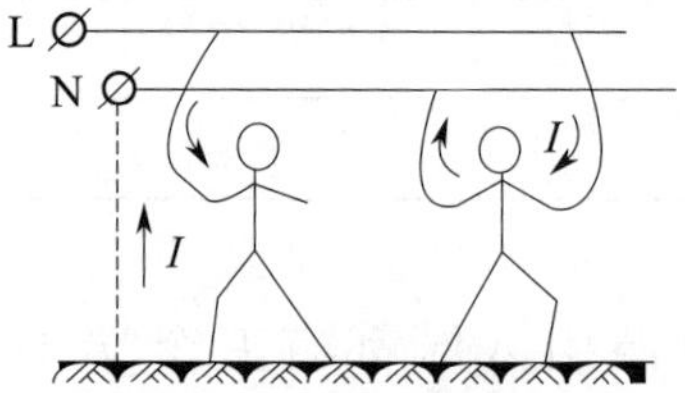	
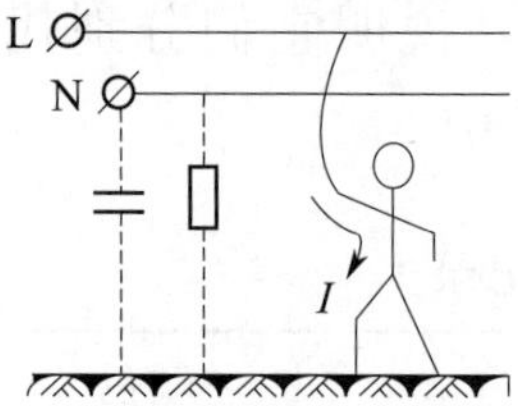	
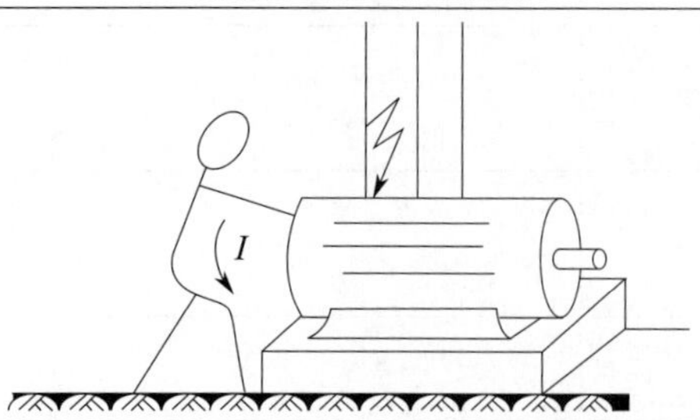	

图示	触电方式
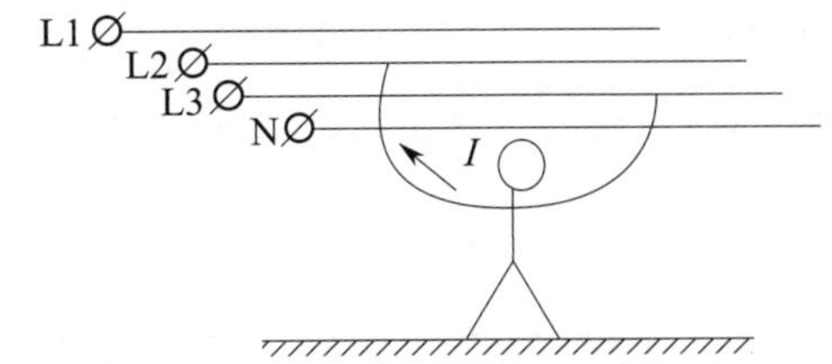	
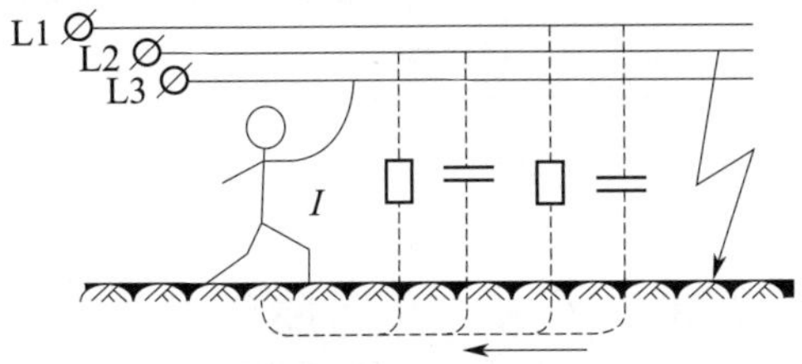	

2. 触电的种类

触电的种类有电击和电伤。

电击是指电流通过人体内部，对人体内脏及神经系统造成破坏直至死亡。电伤是指电流通过人体外部表皮造成局部伤害。

在触电事故中，电击和电伤常会同时发生。触电的伤害程度与通过人体电流的大小、流过的途径、持续的时间、电流的种类、交流电的频率及人体的健康状况等因素有关，其中以通过人体电流的大小对触电者的伤害程度起决定性作用。人体对触电电流的反应，如表1-5所示。

表1-5　电流对人体的影响

电流/mA	通电时间	人体反应	
		交流电（50Hz）	直流电
0～0.5	连续	无感觉	无感觉
0.5～5	连续	有麻刺、疼痛感，无痉挛	无感觉
5～10	数分钟内	痉挛、剧痛，但可摆脱电源	有针刺、压迫及灼热感

续表

电流/mA	通电时间	人体反应	
		交流电（50Hz）	直流电
10～30	数分钟内	迅速麻痹，呼吸困难、不能自主	压痛、刺痛，灼热感强烈，有抽搐
30～50	数秒至数分钟	心跳不规则，昏迷，强烈痉挛	感觉强烈，有剧痛痉挛
50～100	超过3s	心室颤动，呼吸麻痹，心脏麻痹而停跳	剧痛，强烈痉挛，呼吸困难或麻痹

3. 电气火灾的防范与扑救常识

电气火灾是指由电气原因引发燃烧而造成的火灾。在实际生产生活中，设备或电路发生短路故障、过载或接触不良，以及电气设备运行时产生的电火花、电弧，都可能导致电气火灾的发生。

（1）电气火灾的防范常识　对于电气火灾，主要应从以下几个方面进行防范。

① 在安装开关、插座、熔断器、电热器具等电气设备时，要尽量避开易燃物，或与易燃物保持必要的防火距离。

② 按规定要求安装短路、过载、漏电等保护装置。

③ 对正常运行条件下可能产生电热效应的设备采用隔热、散热、强迫冷却等措施。

④ 加强对设备的运行管理，定期检修、试验，防止绝缘损坏等造成的短路。

（2）电气火灾的扑救常识　一旦电气设备发生火灾，首先应切断电源，然后再进行火灾扑救工作。只有在确实无法切断电源的情况下，才允许带电灭火。在对带电线路或设备灭火时，要注意：

① 不能用直流水枪灭火，但可用喷雾水枪灭火，因为喷雾水枪喷出来的是不导电的雾状的水流。

② 不能用泡沫灭火器灭火，应使用不导电的干性化学灭火器，如二氧化碳灭火器、四氯化碳灭火器、1211灭火器和干粉灭火器等。

③ 对有油的设备，应使用干燥的砂子灭火。

灭火器的筒体、喷嘴及人体都要与带电体保持一定的距离，灭火人员应穿绝缘靴，戴绝缘手套，有条件的还要穿绝缘服等，以免扑救人员的身体触及带电体而触电。

4. 灭火器的选择

灭火器是扑灭初起火灾的重要工具，是最常用的灭火器材。它具有灭火速度快、轻便灵活、实用性强等特点，因而应用范围非常广。但目前人们对灭火器还缺乏足够的了解和认识，使用中容易出现问题，有的灭火器不仅灭不了火，反而还会使小火蔓延成大火！要清楚哪种灭火器适用于哪种火灾，切忌在不清楚着火对象的前提下随意使用灭火器。以下是使用灭火器的一些基本常识。

（1）燃烧与火灾

① 燃烧：物质与氧化物之间的放热反应，同时释放出火焰或可见光。

② 火灾：在时间和空间上失去控制的燃烧所造成的灾害。

（2）燃烧（火灾）的三要素　氧化物、可燃物、着火源，这三个要素中缺少任何一个，燃烧都不能发生和维持。

（3）火灾的防治途径　火灾防治途径一般按步骤分为：评价、阻燃、火灾探测、灭火。

① 评价。确定人员和财产的火灾安全性能。

a. 新建、改建、扩建工程：

a）在可行性研究和设计阶段考虑到可能的火灾危险，进行安全预评价。

b）在工程竣工验收前进行安全验收评价。

c）编制火灾应急救援预案。

b. 对已有工程进行安全现状评价，并做好火灾应急救援预案。

② 阻燃。对工程材料和建筑结构进行阻燃处理。可以添加阻燃剂，从而降低火灾发生的概率和发展的速度。

③ 火灾探测。一旦发生火灾，应准确及时地发现，并防止发生误报警。

④ 灭火。火灾初期，应选择合适的灭火器，迅速扑灭火灾。一旦火势进一步扩大，必须立即启动事故应急救援预案。

（4）火灾种类（5类）

① A类火灾，即固体燃烧的火灾。

② B类火灾，即液体火灾和可熔化的固体物质火灾。

③ C类火灾，即气体燃烧的火灾。

④ D类火灾，即金属燃烧的火灾。

⑤ E类火灾，即带电设备及附件燃烧的火灾。

（5）火灾种类辨识

① 办公桌椅火灾→A类火灾（固体）。

② 油类火灾→B类火灾（液体）。

③ 酒类火灾→B类火灾（液体）。

④ 天然气火灾→C类火灾（气体）。

⑤ 钠遇水后火灾→D类火灾（金属）。

⑥ 正在播放电视节目的电视机火灾→E类火灾（带电）。

（6）灭火器的选择

① 扑救A类火灾：选用水型、泡沫、干粉、二氧化碳灭火器。

② 扑救 B 类火灾：选用干粉、泡沫、二氧化碳灭火器。

注意：泡沫灭火器不能灭 B 类极性溶性溶剂（如甲醇、乙醚）火灾。

③ 扑救 C 类火灾：选用干粉、二氧化碳灭火器。

④ 扑救 D 类火灾：国外粉装石墨灭火器和灭金属火灾专用干粉灭火器；国内尚未定型生产灭火器和灭火剂，可采用干砂或铸铁沫灭火。

⑤ 扑救 E 类火灾：选用二氧化碳、干粉灭火器。

5. 灭火器的使用方法

（1）二氧化碳灭火器及其使用方法见图 1-1 和图 1-2。注意：不能直接用手抓住喇叭筒外壁或金属连接管，以防止手被伤。在使用二氧化碳灭火器时，在室外使用的，应选择上风方向喷射；在室内窄小空间使用的，灭火后操作者应迅速离开，以防窒息。

主要适用于各种易燃、可燃液体和可燃气体火灾，还可扑救仪器仪表、图书、档案、600V以下电气设备及油类的初起火灾

图 1-1　二氧化碳灭火器

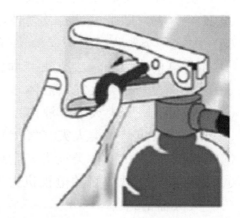

① 在距离燃烧物5m左右处开启，拆掉小铅块　　② 拔出保险销

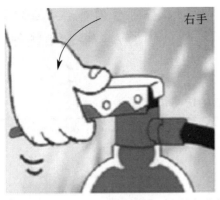 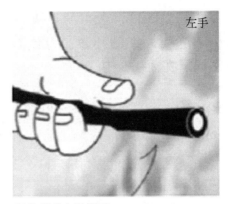

③提起灭火器,左手握住喷嘴,右手压下压把,将二氧化碳喷向燃烧区

图 1-2　二氧化碳灭火器使用示意图

（2）干粉灭火器及其使用方法见图 1-3 和图 1-4。

适用于扑救各种易燃、可燃液体和易燃、可燃气体火灾,以及电气设备火灾

图 1-3　干粉灭火器

①取出灭火器　　②拔掉保险销　　③一手握住压把,一手握住喷管　　④对准火苗根部喷射(人站立在上风)

图 1-4　干粉灭火器使用示意图

查阅相关资料，常用的灭火器有哪些类型？分别适用于哪些火灾场合？能否用于电气火灾的扑救？为什么？实训室中放置的灭火器又是哪种类型？将答案记录在表 1-6 中。

表 1-6　常用灭火器的适用情况

名称	适用场合	是否能用于电气火灾的扑救及原因

实训室放置的灭火器属于(　　　　　　　　　　)灭火器

五、安全防护技术

1. 安全电压

不带任何防护设备，对人体各部分组织均不造成伤害的电压值，称为安全电压。国际电工委员会（IEC）规定安全电压限定值为 50V，我国规定 12V、24V、36V 三个电压等级为安全电压级别，世界各国对于安全电压的规定有 50V、40V、36V、25V、24V 等，其中以 50V、25V 居多。

凡手提照明器具，在危险环境、特别危险环境的局部照明灯，高度不足 2.5m 的一般照明灯，携带式电动工具等，若无特殊的安全防护装置或安全措施，均应采用 24V 或 36V 安全电压。在湿度大、狭窄、行动不便、周围有大面积接地导体的场所（如金属容器内、矿井内、隧道内等）使用的手提照明，应采用 12V 安全电压。

2. 安全间距

为防止带电体之间、带电体与地面之间、带电体与其他设施之间、带电体与工作人员之间因距离不足而在其间发生电弧放电现象引起电击或电伤事故，应规定其间必须保持的最小间隙。

安全间距即保证人体与带电体之间必要的安全距离。除防止触及或过分接近带电体外，还能避免误操作和防止火灾。

在低压工作中，最小检修距离不应小于 0.1m。操作者背后的物体与操作者背部的最小距离应不小于 0.5mm。

3. 屏护

屏护即指将带电体间隔起来，以有效地防止人体触及或靠近带电体，特别是当带电体无明显标志时。高压设备不论是否有绝缘，均应采取屏护。常用的屏护方式有遮栏、栅栏、保护网。

① 室外屏护不低于 1.5m（户外变配电装置采用不低于 2.5m 的封闭屏护）。

② 室内屏护不低于 1.2m。

4. 安全用具

常用安全用具有绝缘手套、绝缘靴、绝缘棒三种。

（1）绝缘手套　由绝缘性能良好的特种橡胶制成，有高压、低压两种。操作高压隔离开关和油断路器等设备、在带电运行的高压电器和低压电气设备上工作时，绝缘手套可预防接触电压。

（2）绝缘靴　也是由绝缘性能良好的特种橡胶制成，带电操作高压或低压电气设备时，防止跨步电压对人体的伤害。

（3）绝缘棒　又称绝缘杆、操作杆或拉闸杆，用电木、胶木、塑料、环氧玻璃布棒等材料制成，结构如图 1-5 所示。

图 1-5　绝缘棒

1—工作部分；2—绝缘部分；3—握手部分；4—保护环

5. 安全标识

（1）安全色　查阅相关资料，了解安全色表达的安全信息含义，把表 1-7 补充完整。

表 1-7　安全色表达的含义记录

颜色	含义	举例
红色		
黄色		
绿色		
蓝色		
黑色		

（2）安全标志　安全标志是提醒人员注意或按标志上注明的要求去执行，保障人身和设施安全的重要措施。查阅相关资料，掌握标志牌的制作与使用，把表 1-8 补充完整。

表 1-8　标志牌相关信息记录

名称	悬挂位置	尺寸	底色	字色
禁止合闸 有人工作				
禁止合闸 线路有人工作				
在此工作				
止步 高压危险				
从此上下				
禁止攀爬 高压危险				
已接地				

6. 保护接地和保护接零

在电力系统运行中接地装置起着至关重要的作用。它不仅是电力系统的重要组成部分，而且还是保护人身安全及用电器的主要措施。供电系统和电气设备的某一部分与大地做金属性的良好接触，称为接地。按接地的目的可分为工作接地、保护接地、保护接零以及重复接地，如图 1-6 所示。

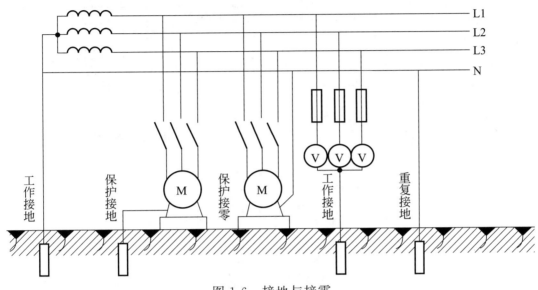

图 1-6　接地与接零

工作接地：由于电气系统的需要，在电源中性点与接地装置做金属连接，称为工作接地 。

保护接地：将用电设备与带电体相绝缘的金属外壳和接地装置做金属连接，称为保护接地。

保护接零：在 TN 供电系统中受电设备的外露可导电部分通过保护线 PE 线与电源中性点连接，而与接地点无直接联系。

重复接地：在工作接地以外，在专用保护线 PE 上一处或多处再次与接地装置相连接，称为重复接地。

（1）保护接零　多相制交流电力系统中，把星形连接的绕组的中性点直接接地，使其与大地等电位，即为零电位。由接地的中性点引出的导线称为零线。在电网中，如果通过中性点接地的方式进行保护，在这种情况下，由于单相对地电流过大，进而难以确保人体不受触电的危害。保护接零是把电气设备的金属外壳和电网的零线连接，以保护人身安全的一种用电安全措施。在电压低于 1000V 的接零电网中，若电气设备因绝缘损坏或意外情况而使金属外壳带电时，形成相线对中性线的单相短路，则线路上的保护装置（自动开关或熔断器）迅速动作，切断电源，从而使设备的金属部分不至于长时间存在危险的电压，这就保证了人身安全。在同一电源供电的电气设备上，不容许一部分设备采用保护接零，另一部分设备采用保护接地。保护接零系统（TN 系统）见图 1-7。

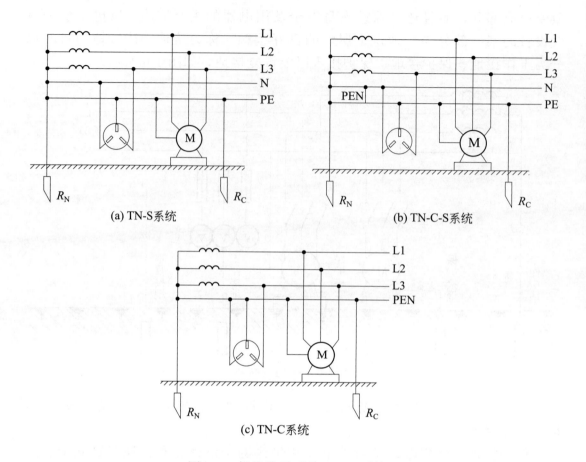

图 1-7　保护接零系统（TN 系统）

保护接零注意事项如下。

① 采用保护接零的条件。在实际运行过程中，如果电源中性点接地良好，并且零线能够可靠运行，此时可以采用保护接零的方式进行处理。在工作接地方面，系统必须可靠，并且接地电阻小于 4Ω。

② 工作零线重复接地。在工作中，对于工作零线回路来说，为了避免出现断开现象，一方面对中性点接地处理，另一方面对工作零线进行重复接地处理。

③ 零线的截面面积不得小于相线的二分之一。在电网系统中，零线通常情况下不会带电，或者电流很小（单相负荷除外），所以与相线相比，零线的截面积比较小。但是，从安全性、可靠性的角度，对于零线保护，可以将零线阻抗设置得尽量小，这样在发生故障时，可以有足够大的短路电流刺激保护装置及时、准确地动作，进而在发生故障时，可以有效地降低零线的对地电压。

④ 设备的保护零线与工作零线要牢固连接。导线在实际使用过程中，只有连接牢靠，导线之间接触才能确保良好性。

⑤ 单相负荷线路不得借用工作零线取代保护零线。对于插座上接电源零线的孔来说，在连接三眼插座的过程中，不准将其余保护零线的孔进行串联处理，也就是不得借用工作零线取代保护零线。在连接三眼插座时，一般遵守下列原则：将插座上孔接电源中线，也就是按照并联的方式，用两根导线将工作零线的孔与保护零线的孔接到公用工作零线上。

⑥ 在同一低压电网中，保护接地与保护接零不能混合使用。否则，如果接地设备发生故障，零线电位就会升高。对于电压来说，其接触电压与相电压相当，使得触电的危险性进一步增加。

⑦ 采用保护接零对用电设备进行管理，并不能完全做到防触电。电器外壳与电源火线连接引发的严重故障，通过保护接零的方式可以避免。如果是由电器外壳引发的漏电故障，通过保护接零的方式不能排除，为了消除电器外壳的漏电故障，需要配合其他的保护措施。

（2）重复接地（图 1-8）　重复接地就是在中性点直接接地的系统中，在零干线的一处或多处用金属导线连接接地装置。

在低压三相四线制中性点直接接地线路中，施工单位在安装时，应将配电线路的零干线和分支线的终端接地，零干线上每隔 1km 做一次接地。对于接地点超过 50m 的配电线路，接入用户处的零线仍应重复接地，重复接地电阻应不大于 10Ω。

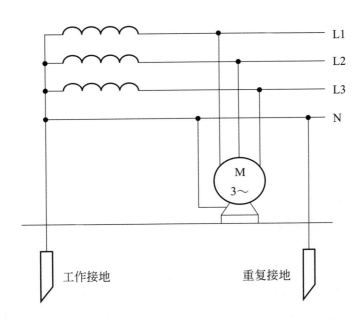

图 1-8　重复接地

重复接地的作用：

① 零线重复接地能够缩短故障持续时间，降低零线上的压降损耗，减轻相、零线反接的危险性；

② 在保护零线发生断路后，当电气设备的绝缘损坏或相线碰壳时，零线重复接地还能降低故障电气设备的对地电压，减小发生触电事故的危险性。

重复接地注意事项：在 TN-S（三相五线制）系统中，零线（工作零线）是不允许重复接地的。这是因为如果中性线重复接地，三相五线制漏电保护检测就不准确，无法起到准确的保护作用。因此，零线不允许重复接地，实际上是漏电检测点后不能重复接地。

（3）工作接地（图 1-9）　在采用 380V/220V 的低压电力系统中，一般都从电力变压器引出四根线，即三根相线和一根中性线，这四根兼作动力和照明用。动力用三根相线，照明用一根相线和一根中性线。

在这样的低压系统中，考虑当正常或故障的情况下都能使电气设备可靠运行，并有利于人身和设备的安全，一般把系统的中性点直接接地，即为工作接地。由变压器三线圈接出的也叫中性线，即零线，该点就叫中性点。

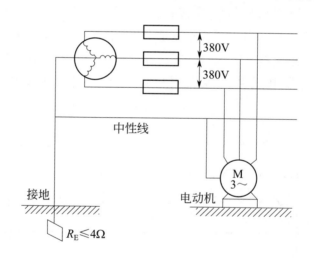

图 1-9　工作接地

工作接地的作用：

① 减轻一相接地的危险性；

② 稳定系统的电位，限制电压不超过某一范围，减少高压窜入低压的危险。

工作接地与变压器外壳的接地、避雷器的接地是共用的，称为"三位一体"接地。其接地电阻应根据三者中要求最高的确定。仅就工作接地的要求而言，工作接地应该能保证当发生高压窜入低压时，低压中性点对地电压升高不得超过 120V。10kV 配电网一般为不接地系统，其单相接地电流一般不超过 30A。工作接地的接地电阻不超过 4Ω 是能够满足要求的。在高土壤电阻率地区，允许放宽至不超过 10Ω。

（4）保护接地（图 1-10）　所谓保护接地就是将正常情况下不带电，而在绝缘材料损坏后或其他情况下可能带电的电器金属部分（即与带电部分相绝缘的金属结构部分）用导线与接地体可靠连接起来的一种保护接线方式。

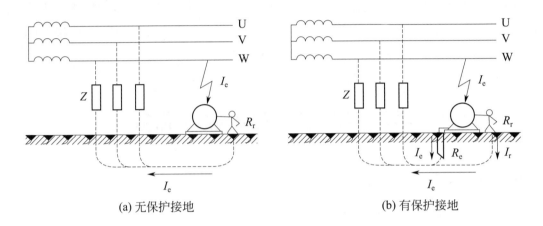

图 1-10　保护接地原理示意图

保护接地的作用：为防止电气装置的金属外壳、配电装置的构架和线路杆塔等带电危及人身和设备安全而进行的接地。

保护接地适用于不接地的电网。在这种电网中，无论环境如何，凡由于绝缘破坏或其他原因而可能呈现危险电压的金属部分，除另有规定外，都应采取保护接地措施，主要包括：

① 电机、变压器、开关设备、照明器具及其他电气设备的金属外壳、底座及与其相连的传动装置；

② 户内外配电装置的金属构架或钢筋混凝土构架，以及靠近带电部分的金属遮栏或围栏；

③ 配电屏、控制台、保护屏及配电柜（箱）的金属框架或外壳；

④ 电缆接头盒的金属外壳、电缆的金属外皮和配线的钢管；

⑤ 某些架空电力线路的金属杆塔和钢筋混凝土杆塔、互感器的二次线圈等，也应予以接地。

保护接地与保护接零的区别：

① 原理不同。保护接地是限制设备漏电后的对地电压，使之不超过安全范围。在高压系统中，保护接地除限制对地电压外，在某些情况下，还有促使电网保护装置动作的作用。保护接零是借助接零线路使设备漏电形成单相短路，促使线路上的保护装置动作，以及切断故障设备的电源。此外，在保护接零电网中，保护零线和重复接地还可限制设备漏电时的对地

电压。

② 适用范围不同。保护接地既适用于一般不接地的高低压电网，也适用于采取了其他安全措施（如装设漏电保护器）的低压电网。保护接零只适用于中性点直接接地的低压电网。

③ 线路结构不同。如果采取保护接地措施，电网中可以无工作零线，只设保护接地线。如果采取保护接零措施，则必须设工作零线，利用工作零线作接零保护。保护接零线不应接开关、熔断器，当在工作零线上装设熔断器等开断电器时，还必须另装保护接地线或接零线。

学习活动三 现场触电急救

📖 学习目标

1. 能使触电者迅速脱离电源。
2. 能正确实施触电急救。

建议课时：4 课时

✏️ 学习过程

一、触电急救的要求和原则

触电急救的要点是动作迅速，救护得法。发现有人触电时，首先应尽快使触电者脱离电源，然后根据触电者的具体情况，进行相应的救治。人触电后，即使心跳和呼吸停止了，如能立即进行抢救，也还有救活的机会。根据一些统计资料表明，心跳呼吸停止，在 1min 内进行抢救，约 80％ 可以救活，如 4min 内进行抢救，则存活率为 50％ 左右。可见触电后，争分夺秒、立即就地正确地抢救是至关重要的。

触电急救的基本原则：迅速、就地、准确、坚持。

二、使触电者迅速脱离电源

评估触电现场，确保自身安全。根据现场的具体情况，应用"拉、切、挑、拽、垫"的方法，迅速、可靠、安全地使触电者脱离电源。以小组为单位，查阅相关资料观看触电事故教育片，讨论使触电者脱离电源的方法，用场景角色扮演等方式演示出来，并完成表 1-9。

表 1-9　触电者脱离电源的方法

触电场景	描述实施方法和注意事项	图示
低压电源触电场景 1		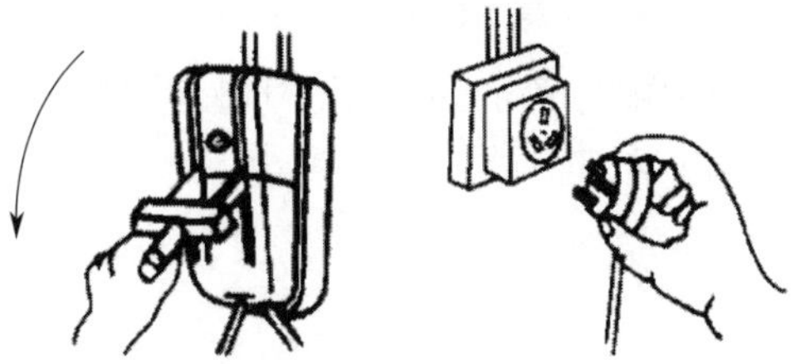
低压电源触电场景 2		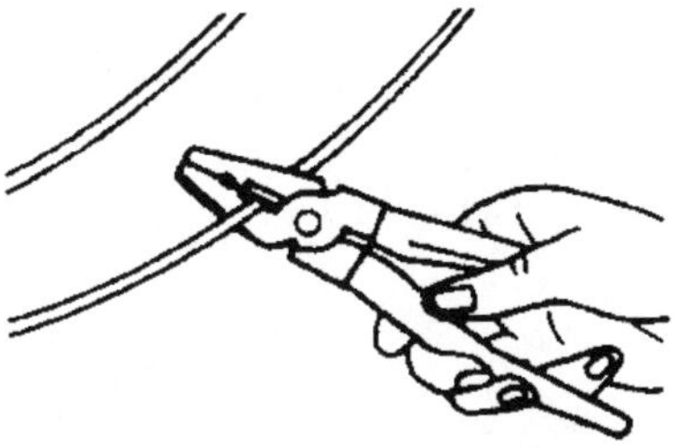
低压电源触电场景 3		
低压电源触电场景 4		
高压电源触电		

三、 确保自身安全的情况下，迅速对症救护

1. 判断意识

拍触电者肩部，大声呼叫触电者（两耳侧），询问情况或呼叫其姓名，如图 1-11 所示。

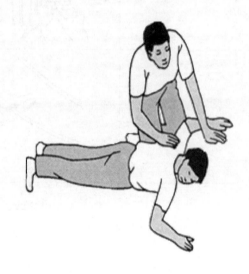

图 1-11 判断意识

2. 呼救

环顾四周，大声呼救，请人协助救助（高声呼救："快来人呀！""救命啊！"打 120 急救电话），解衣扣、松腰带、摆体位，如图 1-12 所示。

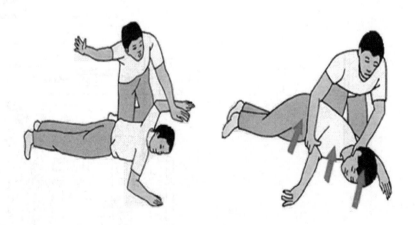

图 1-12 呼救

3. 判断触电者情况

用看、听、试的方法，在 10～15s 内完成并作出判断。

① 看：观察触电者的瞳孔是否放大，见图 1-13。

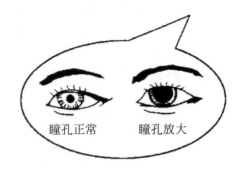

瞳孔正常　　　瞳孔放大

图 1-13　观察瞳孔情况

② 试：判断颈动脉搏动，手法应正确（单侧触摸，时间 5～10s），见图 1-14。

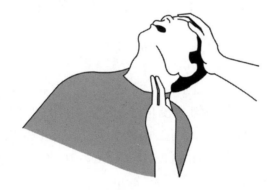

图 1-14　判断颈动脉搏动情况

③ 听：判断自主呼吸情况，看胸、腹部是否有起伏，听有无呼吸的气流声，试口鼻有无呼吸的气流，见图 1-15。

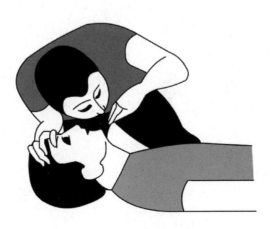

图 1-15　判断自主呼吸情况

4. 用合适的方法抢救

确定触电者的身体状况后，应选择合适的方法进行抢救。常用的方法有胸外心脏挤压法、口对口（鼻）人工呼吸法、人工心肺复苏法等。

（1）胸外挤压法

① 定位：确定按压位置，两乳连线中心点即为正确按压位置，见图 1-16。

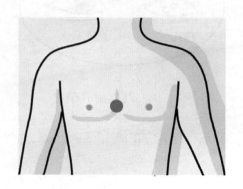

图 1-16　定位

② 胸外按压：跪在一侧，两手掌根交叠，十指相扣，掌根贴压点，身体稍向前倾，两臂伸直，垂直均匀力度向下按压，如图 1-17 和图 1-18 所示，压后即松（但手不能离开按压点），按压频率为 100～120 次/min。成人按压幅度 5～6cm；10 岁以上儿童按压幅度 3～4cm；10 岁以下儿童按压幅度单掌2cm；婴儿单掌两只手指按压，压下约 2cm。

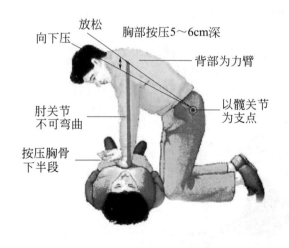

图 1-17　正确的按压姿势

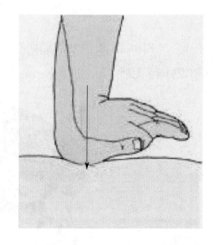

图 1-18　两手交叠，手指翘起，
掌根用力向下压

（2）口对口（鼻）人工呼吸法

① 畅通气道：人工呼吸前需先畅通气道，清除口腔异物，见图 1-19。

② 打开气道：常用仰头抬颏法或托颌法，一手置于触电者前额，使其头部后仰，另一手食指与中指置于下颌角或下颏角处，抬起下颏（颌），以放开气道。标准为下颌角与耳垂的连线与地面垂直，见图1-20。

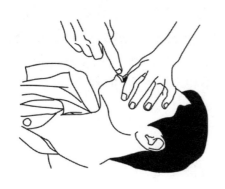

图 1-19　畅通气道

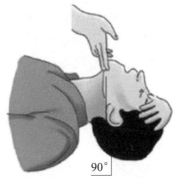

图 1-20　打开气道

③ 吹气：吹气时应看到胸廓起伏；吹气毕，立即离开口部，松开鼻腔，视触电者胸廓下降后再吹气，见图1-21和图1-22。吹气前深吸一口气［吹气量要达到800～1200mL（成年人），才能保证有足够的氧气］，吹2s，停3s，每分钟10～12次。

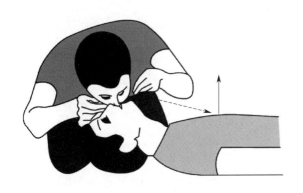

图 1-21　捏鼻吹气

图 1-22　松鼻并观察胸口起伏

（3）人工心肺复苏法　先胸外按压30次，再人工呼吸2次，循环交替进行，每完成5个循环后判断一次触电者呼吸和心跳情况，根据判断情况，正确、坚持抢救，直到医护人员到来。

① 如果恢复呼吸，则停止吹气。

② 如果恢复心跳，则停止胸外按压，否则会使心脏停搏。

③ 如果心跳呼吸都恢复，则可暂停抢救，但仍要密切注意呼吸脉搏的变化，随时有再次骤停的可能，保持空气流通，等待医护人员。

④ 如果心跳呼吸都未恢复，则要继续坚持抢救。

💡 触电急救注意事项

① 救人时要确保自身安全，防止自己触电。
② 脱离电源后要立即、就地、正确、持续抢救。越早开始抢救，生还的机会越大，使触电者脱离电源后立即就地抢救，避免转移伤员而延误了抢救时机。正确的方法是取得成效的保证，抢救应坚持不断，在医务人员未接替抢救前，现场抢救人员不得放弃抢救，也不得随意中断抢救。

四、触电急救的方法与训练

在教师的演示、指导下，利用模拟人进行触电急救方法的训练（参见表1-10），并记录评价成绩。

表 1-10　操作详情

单人徒手心肺复苏操作				考试时间：3min	
序号	考试项目	考试内容	配分	评分标准	得分
1	使触电者脱离电源	解救触电者脱离低压电源	2	评估触电现场，确保自身安全，根据现场的具体情况，迅速、可靠、安全地使触电者脱离低压电源。救护人出现不安全的行为或未能在1min内使触电者脱离电源，终止该项项目考核，计0分	
2	判断意识	拍触电者肩膀，两耳侧大声呼叫触电者	4	一项做不到扣2分	
3	呼救	环顾四周，请人协助救护（拨打120），解衣扣、松腰带、摆体位	4	不呼救扣1分；未解衣扣、腰带各扣1分；未述摆体位或体位不正确扣1分	
4	判断心跳呼吸情况	手法正确（试、听、看，时间各不得少于5s）	6	颈动脉位置或试听呼吸方法不正确扣2分；触摸或试气时不停留或停留时间不足扣2分；大于20s扣2分	
5	定位	沿着最低的一条肋骨（肋弓）摸上去，找到肋骨和胸骨结合处的中心，剑突顶放两指，另一只手的掌根紧挨着食指上缘，置于胸骨上	6	位置偏左、右、上、下扣2分，一次定不了位扣1分，定位方法不正确扣2分	

续表

单人徒手心肺复苏操作				考试时间：3min	
序号	考试项目	考试内容	配分	评分标准	得分
6	胸外按压	跪在一侧，两手相叠，掌根贴压点，身体稍向前倾，两臂伸直，垂直均匀力度向下按压，压后即松（但手不能离开胸部），每分钟压100次，成人压下5～6cm（每个循环按压30次，时间15～18s）	30	节律不均匀扣5分；一次小于15s或大于18s扣5分；一次按压幅度小于5cm扣2分；一次胸壁不回弹扣2分	
7	畅通气道	摘掉假牙，清理口腔	4	不清理口腔扣1分；未述摘掉假牙扣1分；头偏向一侧扣2分	
8	打开气道	一手置于触电者前额使其头部后仰，另一手食指与中指置于下颌骨近下颏或下颏角处，抬起下颏（颌）	6	未打开气道不得分；过度后仰或程度不够均匀扣4分	
9	吹气	深吸一口气，吹2s，停3s。吹气时看到胸廓起伏，吹气毕，立即离开口部，松开鼻腔，视触电者胸廓下降后，再吹气（每个循环吹气2次）	20	吹气量不足扣2分；一次未捏鼻孔扣1分；两次吹气间不松鼻孔扣1分；不看胸廓起伏扣1分（共10次20分）	
10	判断	完成5个循环后判断有无自主呼吸、心跳，观察双侧瞳孔	4	一项不判断扣1分；判断呼吸、心跳方法扣分同上；少观察一侧瞳孔扣0.5分	
11	整体质量，判定有效指征	有效吹气10次，有效按压150次，并判断效果（从判断呼吸心跳情况开始到最后一次吹气，总时间不超过130s）	10	掌根不重叠扣1分；手指不离开胸壁扣1分；每次按压掌根离开胸壁扣1分；按压时间过长（少于放松时间）扣1分；按压时身体不垂直扣1分；一项不符要求扣1分；少按、多按压1次各扣1分；少吹、多吹气1次各扣1分；总时间每超5s扣1分	
12	整理	安置触电者，整理服装，摆好体位，整理用物	4	一项不符合要求扣1分	
合计			100	总得分	

【总结与评价】

以小组形式对学习过程和实训成果进行汇报总结，并完成对学习过程的综合评价。

建议课时：4 课时

评价结论以"很满意、比较满意、还要加把劲"等定性评价，在你认为合适的地方打"√"。组长评价、教师评价考核采用 A、B、C。

评价单

项目	评价内容	自我评价		
		很满意	比较满意	还要加把劲
职业素养考核项目	安全意识、责任意识强；工作严谨、敏捷			
	学习态度主动；积极参加教学安排的活动			
	团队合作意识强；注重沟通，相互协作			
	劳动保护穿戴整齐；干净、整洁			
	仪容仪表符合活动要求；朴实、大方			
专业能力考核项目	按时按要求独立完成工作页；质量高			
	相关专业知识查找准确及时；知识掌握扎实			
	技能操作符合规范要求；操作熟练、灵巧			
	注重工作效率与工作质量；操作成功率高			
小组评价意见	等级：	组长签名：		
老师评价意见	等级：	综合等级： 教师签名：		

注：本活动考核采用的是过程化考核方式，作为学生项目结束的总评依据，并记入到当月月技能考核成绩的 40%。请同学们认真对待妥善保管留档。

能力拓展　作业现场安全隐患排除

根据表 1-11 所示图片观察工作现场、工作内容和工作过程，讨论和判断作业现场存在的安全风险、作业危害。

表 1-11　作业现场安全隐患排除练习

示例图	描述
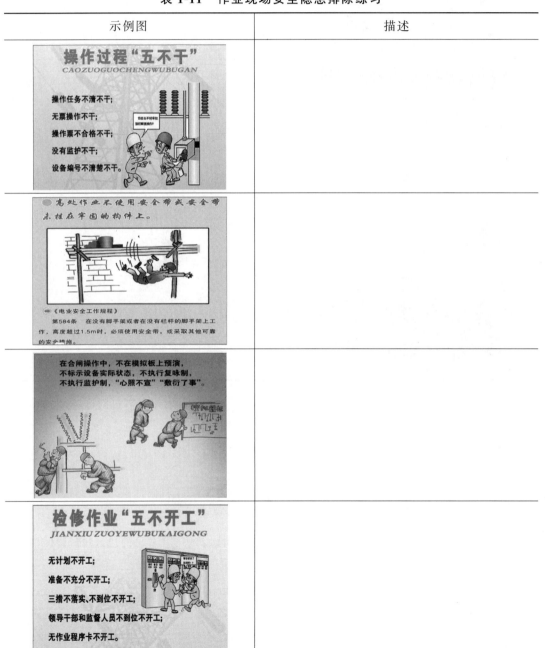	

示例图	描述
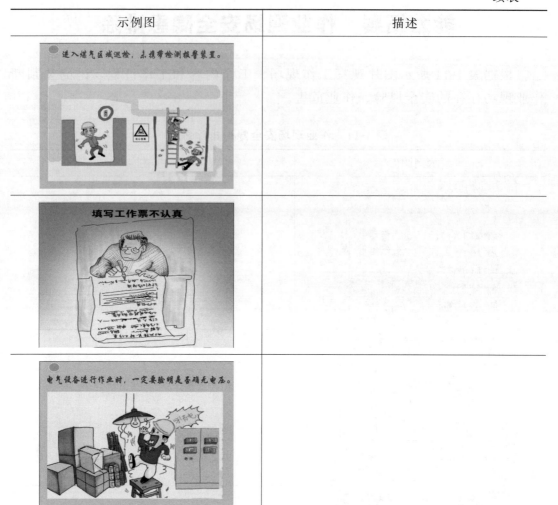	

课题任务教学意见反馈表

我喜欢的:☺
我不喜欢的:☹
我不理解的:⍰
我的建议:★
学到的最重要的内容:

填表日期：　　年　月　日

📄 **学习总结：**

任务二

模拟式万用表使用

📚 任务目标

1. 以 MF47 型万用表为例，能正确描述万用表的基本结构、面板的组成和功能。
2. 能正确识读万用表面板功能，能识读表头刻度盘。
3. 理解电路定义、组成及基本电工参数，能正确识读仪表符号，知晓万用表在电路检修中的重要意义。
4. 能正确使用万用表测量电路基本参数（电压、电流、电阻）。
5. 能根据仪表使用情况分析和排除故障，能正确维护万用表。

建议课时：28 课时

⚙ 学习情境描述

　　公司维修部正在对新来的职员进行培训，要求新来的职员能运用万用表测量电阻、电压及电流，两天之后在电修车间现场进行考核。考核万用表选用 MF47 型，如图 2-1 所示。

➡ 学习流程与活动

1. 明确工作任务并收集信息。
2. 施工前的准备。
3. 制订工作计划。
4. 现场施工。
5. 交付验收。
6. 总结与评价。

图 2-1　MF47 型指针式
万用表面板

学习活动一 明确工作任务并收集信息

学习目标

1. 能通过阅读设备使用考核记录单，明确工作内容、工时等要求。
2. 能准确记录工作现场的环境条件。
3. 能正确识读万用表面板功能，能识读表头刻度盘。
建议课时：4 课时

学习过程

一、阅读设备使用考核记录单

阅读设备使用考核记录单（表 2-1），说出本次考核的工作内容、时间要求等基本信息。

表 2-1 设备使用考核记录单

设备名称	万用表	使用单位	电修车间
设备型号	MF47	考核时间	8min
设备编号	1~6 号		

序号	考核项目	考核结果	备注
1	万用表测量电阻		
2	万用表测量交流电压		
3	万用表测量直流电压		
4	万用表测量直流电流		
考核负责人签字		考核人员签字	

二、认识万用表外观并勘察现场

（1）参照以往课程所学内容，勘察考核现场的基本情况（包括测量所需工具、备件及材料），做好记录。

（2）在教师指导下，观察和认识万用表外观和结构。通过教师的演示和讲解，做好记录，填入表 2-2。

表 2-2　MF47F 型万用表面板及功能

面板部分	功能
表头刻度盘	
机械调零旋钮	
欧姆调零旋钮	
量程选择开关	
表笔插孔	
h_{FE} 插孔	

① 万用表的结构：_____、_____和_____。

② 晃动表头观察指针是否摆动自如？_____。

③ 检查指针的机械零位在左边零位还是右边零位？_____。如何进行机械调零？_____。

④ 观察机械零位与欧姆零位是否在同一个位置？_____。欧姆零位在左边零位还是右边零位？_____。如何进行欧姆调零？_____。

任务二-学习活动一-部分参考答案

⑤ 使用万用表前是否要进行机械调零？_____。需要进行几次？____。使用万用表测量电阻前和换挡后是否都需要进行欧姆调零？为什么？_____。

⑥ 测量电阻的挡位都有哪些？_____、_____、_____、_____。万用表表头电阻读数刻度线在哪？_____。旁边有什么标识？_____。电阻读数刻度线是否均匀？_____。正确读数应使指针指在_____位置。

⑦ 交流电压挡的文字标识是____，挡位都有哪些？_____。

⑧ 直流电压挡的文字标识是____，挡位都有哪些？_____。

⑨ 直流电流挡的文字标识是____，挡位都有哪些？_____。

⑩ 万用表表头电压、电流读数刻度线在哪？_____。旁边有什么标识？_____。电压、电流读数刻度线是否均匀？_____。正确读数应使指针指在_____位置。

⑪ 万用表不用时或者使用结束后，挡位应打到_____或_____。

（3）在教师指导下，识读表头刻度线。通过教师的演示和讲解，完成测电阻读数训练（完成表 2-3），电压读数训练（参考表 2-4 完成表 2-5、参考表 2-6 完成表 2-7）和电流读数训练（参考表 2-8 完成表 2-9）。

表 2-3 电阻读数训练 (电阻值＝读数×倍率)

序号	图片说明（指针位置）	选择的万用表挡位	所测电阻值
1		×10	
		×100	
		×1k	
2		×100	
		×1k	
		×1	
3		×10k	
		×10	
		×100	
4		×1	
		×1k	
		×10	

表 2-4 直流电压读数的方法

表头刻度盘	参考刻度	适合挡位	读数方法
表头刻度盘由上至下第二条刻度线，左手标有"ACV、DCV"字符，该刻度线下一共有"0～250""0～50""0～10"三组参考标尺	"0～250"，每小格是 5	DCV 250V	直读指示值
		DCV 2.5V	指示值往左移 2 位小数点
		DCV 0.25V	指示值往左移 3 位小数点
	"0～50"，每小格是 1	DCV 500V	指示值×10
		DCV 50V	直读指示值
	"0～10"，每小格是 0.2	DCV 1000V	指示值×100
		DCV 10V	直读指示值
		DCV 1V	指示值往左移 1 位小数点

表 2-5　直流电压读数训练

序号	图片说明(指针位置)	选择的万用表挡位	所测电压值
1		DCV 1000V	
		DCV 500V	
		DCV 50V	
		DCV 10V	
		DCV 2.5V	
		DCV 0.25V	
2		DCV 1000V	
		DCV 500V	
		DCV 50V	
		DCV 10V	
		DCV 2.5V	
		DCV 1V	

表 2-6　交流电压读数的方法

表头刻度盘	参考刻度	适合挡位	读数方法
表头刻度盘由上至下第二条刻度线,左手标有"ACV、DCV"字符,该刻度线下一共有"0～250""0～50""0～10"三组参考标尺	"0～250",每小格是 5	ACV 250V	直读指示值
		ACV 2500V	指示值×10
	"0～50",每小格是 1	ACV 500V	指示值×10
		ACV 50V	直读指示值
	"0～10",每小格是 0.2	ACV 1000V	指示值×100
	表头刻度盘由上至下第三条刻度线,左手标有"ACV 10V"字符,每小格是 0.2	ACV 10V	直读指示值

表 2-7　交流电压读数训练

序号	图片说明（指针位置）	选择的万用表挡位	所测电压值
1		ACV 1000V	
		ACV 500V	
		ACV 250V	
		ACV 10V	
2		ACV 1000V	
		ACV 500V	
		ACV 250V	
		ACV 10V	

表 2-8　电流读数的方法

表头刻度盘	参考刻度	适合挡位	读数方法
  表头刻度盘由上至下第二条刻度线，右手标有"DCmA"字符，该刻度线下一共有"0～250""0～50""0～10"三组参考标尺	"0～50"，每小格是1	DCmA 500mA	指示值×10
		DCmA 50mA	直读指示值
		DCmA 5mA	指示值往左移1位小数点
		DCmA 0.5mA	指示值往左移2位小数点
		DCmA 50μA	直读指示值，单位是μA

表 2-9　直流电流读数训练

序号	图片说明（指针位置）	选择的万用表挡位	所测电流值
1		DCmA 500mA	
		DCmA 50mA	
		DCmA 5mA	
		DCmA 0.5mA	
		DCmA 50μA	

续表

序号	图片说明（指针位置）	选择的万用表挡位	所测电流值
2	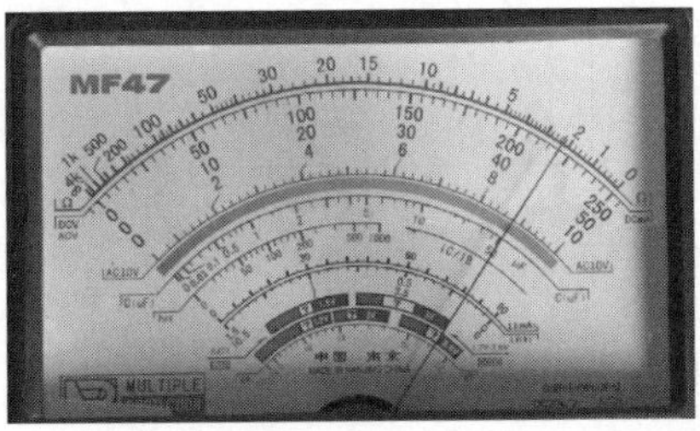	DCmA 500mA	
		DCmA 50mA	
		DCmA 5mA	
		DCmA 0.5mA	
		DCmA 50μA	

学习活动二　施工前的准备

学习目标

1. 能够正确描述电路定义、组成及基本电工参数。
2. 能正确描述电工仪表的基本知识，正确识读仪表符号。
3. 能够正确描述万用表结构名称及作用。

建议课时：**8课时**

学习过程

一、电工基础知识

1. 电路和电路图

电流通过的路径称为电路。

在电路输入端加上电源使输入端产生电势差，电路即可工作。按照流过的电流性质，一般分为直流电路和交流电路两种。直流电通过的电路称为直流电路，交流电通过的电路称为交流电路。

2. 电路的组成

电路一般都是由电源、负载、控制设备和连接导线四个基本部分组成的。以手电筒电路为例，如图2-2所示。

3. 电路的状态

电路通常有三种状态。

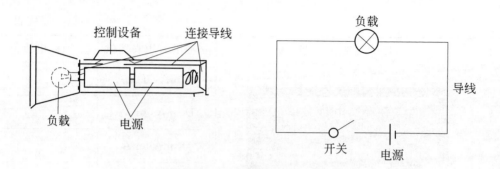

图 2-2　简单电路的组成

① 通路：一般是指正常工作状态下的闭合电路。例如图 2-2 所示电路中开关闭合时的状态。

简要描述其特征：_____。

② 开路：指负载与电源之间的中间环节断开，电源不能再向负载提供电能。开路亦称断路。例如图 2-2 所示电路中开关分断时的状态。

简要描述其特征：_____。

③ 短路：指电源或负载两端直接被导线相接，电源提供的电流几乎全部从该导线中流过，从而不流经负载。

简要描述其特征：_____。

4. 电路的基本物理量

（1）电荷、电场和电场强度　物质由分子组成，分子由原子组成，而原子又是由带正电荷的原子核和带负电荷的电子所组成。当电子挣脱原子核的束缚时，便成为自由电子。获得电子的原子或分子称为负离子，带负电荷；失去电子的原子或分子称为正离子，带正电荷。人们把电子及正、负离子统称为带电粒子。带电粒子所带的电荷量用字母 Q 表示，单位是 C（库仑）。

电场是电荷及变化磁场周围空间里存在的一种特殊物质。电场对放入其中的电荷有作用力，这种力称为电场力。当电荷在电场中移动时，电场力对电荷做功，说明电场具有通常物质所具有的力和能量等特征。电场的强弱用电场强度表示，符号是 E，单位为 V/m（伏/米）。

（2）电流　电流是描述电荷定向流动强弱程度的物理量，科学上把单位时间内通过导体横截面的电荷量称为电流。电流是电路中既有大小又有方向的物理量，电流方向规定为正电荷移动的方向。电流用字母 I 表示，单位是 A（安培）。常用的单位还有 mA（毫安）、μA（微安），它们之间的转换关系：$1A = 10^{3}mA = 10^{6}\mu A$。

生产和生活中，常把电流分为直流电和交流电两大类。直流电是指方向不随时间做周期性变化，但大小可能不固定的电流。交流电是指大小和方向随时间做周期性变化的电流。

（3）电位、电压和电动势　电位，也称电势，是衡量电荷在电路中某点所具有能量的物理量。电路中某点的电位，数值上等于正电荷在该点所具有的能量与电荷所带电荷量的比。电位是相对的，电路中某点电位的大小，与参考点（即零点位）的选择有关。电位是电能的强度因素，它的单位是 V（伏特）。

生活中常见水往低处流，是因为水流两端存在水位差，同理，能促使电流形成的条件是导体两端有电位差（电势差）的存在，即电压。

电压是衡量电场做功本领大小的物理量，在一个闭合的外电路中，电流总是从电源的正极经过负载流向电源的负极，电场力做功，将电能转换为其他形式的能。而内电路中，电源是如何建立并维持正极和负极之间的电位差的呢？任何一种电源都是一个能量转换装置，它能把正电荷从负极不断地持续地流通到正极。电动势则是衡量这种将电源内部的正电荷从电源的负极推动到正极，将非电能转换成电能本领大小的物理量，用符号 E 表示，单位为 V（伏特）。电动势也是电路中既有大小又有方向的物理量，方向规定为从低电位点指向高电位点，即从电源的负极指向正极。

常用的电位、电压、电动势的单位还有 kV（千伏）、mV（毫伏）和 μV（微伏）。它们之间的换算关系为：$1kV=10^3V$；$1V=10^3mV$；$1mV=10^3\mu V$。

（4）电阻　电阻是物体对所通过的电流的阻碍能力，用符号 R 表示，它的单位是欧姆，简称欧（Ω），常用的单位还有千欧（$k\Omega$）和兆欧（$M\Omega$）。电阻是导体本身的特性，与导体的材料、温度、光度等有关系。绝大多数的金属材料温度升高时，电阻将增大；而石墨、碳等在温度升高时，电阻反而减小。至于康铜及锰钢等合金，受温度的影响极小，电阻比较稳定。导体的电阻与其材料的电阻率和长度成正比，而与其横截面积成反比。

二、电工仪表基本知识

1. 电工仪表种类

按照工作原理，电工仪表分为磁电式、电磁式、电动式、感应式等仪表。

磁电式仪表由固定的永久磁铁、可转动的线圈及转轴、游丝、指针、机械调零机构等组成。线圈位于永久磁铁的极靴之间。当线圈中流过直流电流时，线圈在永久磁铁的磁场中受力，并带动指针、转轴克服游丝的反作用力而偏转，当电磁作用力与反作用力平衡时，指针停留在某一确定位置，刻度盘上给出一相应的读数。机械调零机构用于校正零位误差，在没有测量信号时将仪表指针调到指向零位。磁电式仪表的灵敏度和精度较高、刻度盘分度均匀。磁电式仪表多用来制作电压表、电流表等表计。

电磁式仪表由固定的线圈、可转动的铁芯及转轴、游丝、指针、机械调零机构等组成。铁芯位于线圈的空腔内。当线圈中流过电流时，线圈产生的磁场使铁芯磁化。铁芯磁化后受到磁场力的作用并带动指针偏转。电磁式仪表过载能力强，可直接用于直流和交流测量。电磁式仪表的精度较低，刻度盘分度不均匀，容易受外磁场干扰，结构上应有抗干扰设计。电磁式仪表常用来制作配电柜用电压表、电流表等表计。

电动式仪表由固定的线圈、可转动的线圈及转轴、游丝、指针、机械调零机构等组成。当两个线圈中都流过电流时，可转动线圈受力并带动指针偏转。电动式仪表可直接用于交、直流测量，精度较高。电动式仪表制作电压表和电流表时，刻度盘分度不均匀（制作功率表时，刻度盘分度均匀），结构上也应有抗干扰设计。电动式仪表常用来制作功率表、功率因数表等表计。

感应式仪表由固定的开口电磁铁、永久磁铁、可转动铝盘及转轴、计数器等组成。当电磁铁线圈中流过电流时，铝盘里产生涡流，涡流与磁场相互作用使铝盘受力转动，计数器计数。铝盘转动时切割永久磁铁的磁场产生反作用力矩。感应式仪表用于计量交流电能。

电工仪表的精度等级分为 0.1、0.2、0.5、1.0、1.5、2.5、4.0 等七级。仪表精确度 K（％）用引用相对误差表示，例如，0.5 级仪表的引用相对误差为 0.5％。

按照测量方法，电工仪表主要分为直读式仪表和比较式仪表。前者根据仪表指针所指位置从刻度盘上直接读数，如电流表、万用表、兆欧表等。后者是将被测量与已知的标准量进行比较来测量，如电桥、接地电阻测量仪等。

若按读数方式可分为指针式、数字式仪表。按安装方式可分为携带式和固定式仪表。

请翻阅相关资料，查找电工仪表的常用符号和含义并把它们记录于表 2-10 中。

表 2-10　电工仪表的常用符号的含义

符号	含义	符号	含义

2. 电路基本物理量的测量

（1）电流的测量　测量电流时，电流表应串联在电路中。

① 直流电流的测量：测量直流电流时，电流表应与负载串联在电路中，并注意仪表的极性和量程，如图 2-3 所示。测量直流大电流应配用分流器，如图 2-4 所示。在用带有分流器的仪表测量时，应将分流器的电流端钮（外侧两个端钮）串接入电路中，表头由外附定值导线接在分流器的电位端钮上（外附定值导线与仪表、分流器应配套）。

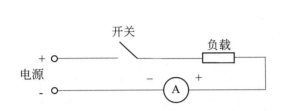

图 2-3 电流表直接接入法

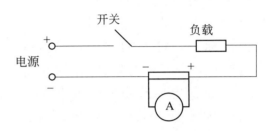

图 2-4 带有分流器的仪表接入法

测量过程中需要注意的是：极性不能接错，要满足电流从电流表的"＋"端流入、"－"端流出的要求，如果极性接反，会使电流表的指针反向偏转。

要根据被测电流的大小来选择适当的仪表，例如安培表、毫安表或微安表。使被测的电流处于该电表的量程之内，如被测的电流大于所选电流表的最大量程，则电流表会因过载而被烧坏。因此，在测量前应对电流的大小做估计，当不知被测电流的大致数值时，先使用较大量程的电流表试测，然后根据指针偏转的情况，再转换适当量程的仪表。

② 交流电流的测量：测量交流电流时，电流表应与负荷串联在电路中。当测量高压电路的电流时，电流表应串接在被测电路中的低电位端，如图 2-5 所示。当测量的电流值较大时，如大于 5A 时，一般需要配合电流互感器进行测量，如图 2-6 所示。

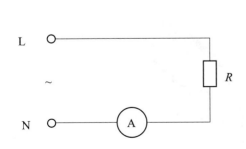

图 2-5 电流表直接接入法

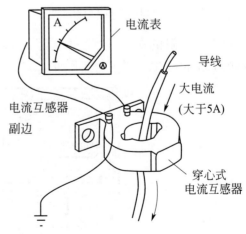

图 2-6 配合电流互感器接入法

（2）电压的测量　测量电压时，电压表应并联在电路中。

① 直流电压的测量：如图 2-7 所示，电压表应并联在线路中测量。测量时应根据被测电压的大小选用电压表的量程，量程要大于被测线路的电压，否则有可能损坏仪表。测量直流电压时，还应注意仪表的极性标记，将表的"＋"端接入电路的高电位点，"－"端接入电路的低电位点，以免指针反转而损坏仪表。

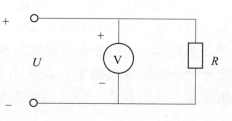

图 2-7　电压表的接线

② 交流电压的测量：如图 2-8 所示，测量交流电压时，电压表应并联在线路中测量。600V 以上的交流电压，一般不直接接入电压表。工厂中变压系统的电压，均要通过电压互感器，将二次侧的电压变换到 100V，再进行测量。接线如图 2-9 所示。

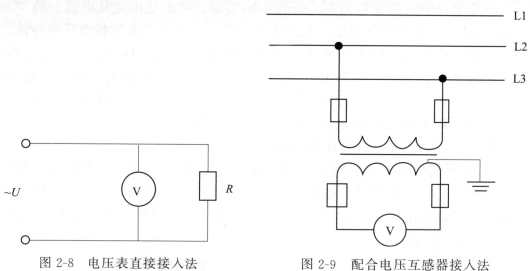

图 2-8　电压表直接接入法　　　图 2-9　配合电压互感器接入法

（3）电阻的测量　测量电阻的接线如图 2-10 所示。测量时，两表笔搭在被测电阻的两端，表针指示的刻度×倍率，即是被测电阻的阻值。

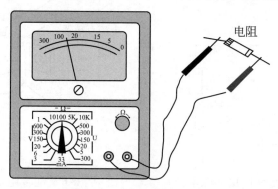

图 2-10　测量电阻的接线

三、万用表的结构与工作原理

1. 万用表的结构

万用表由表头、测量电路及转换开关三个主要部分组成。

① 表头。表头是一只磁电式仪表，用以指示被测量的数值。万用表性能很大程度取决于表头的灵敏度，灵敏度越高，其内阻也越大，万用表性能就越好。

② 测量电路。测量电路是用来把各种被测量转换成适合表头测量的微小直流电流，它由内阻、半导体元件及电池组成。测量电路将不同被测电量经过处理（如整流、分流）后送入表头进行测量。

③ 转换开关。转换开关又称量程选择开关。当转换开关处于不同位置时，其相应的固定触点就闭合，万用表就可执行各种不同的量程来测量。

2. 万用表的工作原理

万用表是由电流表、电压表和欧姆表等各种测量电路通过转换装置组成的综合性仪表。了解测量电路的原理也就掌握了万用表的工作原理，各测量电路的原理基础就是欧姆定律和电阻串并联规律。下面分别介绍各种测量电路的工作原理。

（1）直流电流的测量电路　万用表的直流电流测量电路实际上是一个多量程的直流电流表。由于表头的满偏电流很小，所以采用分流电阻来扩大量程，一般万用表采用闭路抽头式环形分流电路，如图 2-11 所示。这种电路的分流回路始终是闭合的。转换开关换接到不同位置，就可改变直流电流的量程，这和电流表并联分流电阻扩大量程的原理是一样的。

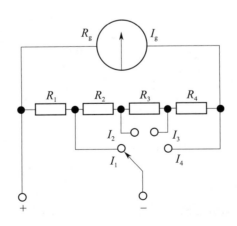

图 2-11　直流电流的测量

（2）直流电压的测量电路　万用表测量直流电压的电路是一个多量程的直流电压表，如图 2-12 所示。它是由转换开关换接电路中与表头串联的不同的附加电阻，来实现不同电压量程的转换。这和电压表串联分压电阻扩大量程的原理是一样的。

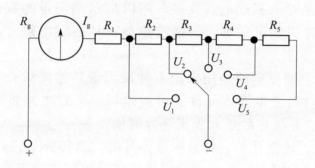

图 2-12　直流电压测量电路

（3）交流电压的测量电路　磁电式微安表不能直接用来测量交流电，必须配以整流电路，把交流变为直流才能加以测量。图 2-13 是交流电压表的基本原理电路图，它是一种整流电压表。整流电流是脉动直流，流经表头形成的转矩大小是随时变化的。由于表头指针的惯性，它来不及随电流及其产生的转矩而变化，指针的偏转角将正比于转矩或整流电流在一个周期内的平均值。

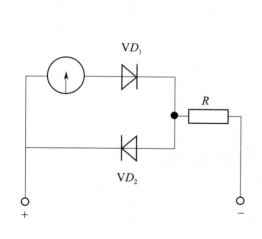

图 2-13　交流电压测量电路

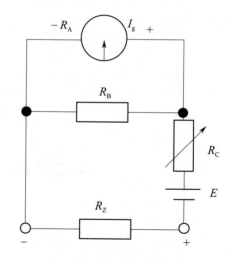

图 2-14　电阻测量电路

（4）电阻的测量电路　在电压不变的情况下，如果回路电阻增加一倍，则电流减为一半，根据这个原理，就可制作一只欧姆表。万用表的直流电阻测量电路就是一个多挡位的欧姆表。其原理电路如图 2-14 所示。R_X 是被测电阻，R_A 是表头电阻，R_B 为分流电阻，R_c 是限流电阻，E 为电源电压。

　　欧姆测量电路挡位变换（图 2-15），实际上就是 R_X 和满偏电流 I 的变换。万用表中的欧姆挡位有 $R\times1$、$R\times10$、$R\times100$、$R\times1k$、$R\times10k$。在多挡位欧姆测量电路中，当挡位改变时，保持电源电压 E 不变，改变测量电路的分流电阻，虽然被测电阻 R_X 变大了，而通过表头的电流仍保持不变，同一指针位置所表示的电阻值相应变大。被测电阻的阻值应等于标尺读数乘以所用电阻挡位的倍率。

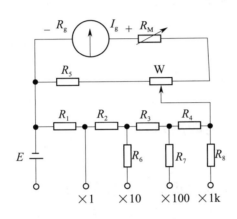

图 2-15　欧姆测量电路挡位变换

　　电源干电池在使用中，其内阻和电压都会发生变化，并使 R_X 和 I 的值改变。I 值与电源电压成正比。为弥补电源电压变化引起的测量误差，在电路中设置调节电位器 W。在使用欧姆量程时，应先将表笔短接，调节电位器 W，使指针满偏，指示在电阻值的零位，即进行"调零"后，再测量电阻值。在 $R\times10k$ 挡上，由于 R_X 很大，I 很小，当 I 小于微安表的本身额定值时，就无法进行测量。因此在 $R\times10k$ 挡采用提高电源电压的方法来实现其挡位扩大。

3. 思考题

　　（1）如何用万用表区别直流电与交流电？用 ACV 挡测：正反各测一次。两次电压＿＿＿＿＿＿＿＿为交流电；两次电压＿＿＿＿＿＿＿＿为直流电。

　　（2）电池极性接反有何现象？＿＿＿＿＿＿＿＿＿＿＿＿＿＿＿＿＿＿＿＿＿＿＿＿。

思考题答案

　　（3）电池能否测量电压、电流？＿＿＿＿＿＿＿＿＿＿＿＿＿＿＿＿＿＿。

　　（4）电池能否测量电阻？＿＿＿＿＿＿＿＿＿＿＿＿＿＿＿＿＿＿＿＿＿。

　　（5）电池用久了电量不足，仪表指示值会怎么样？＿＿＿＿＿＿＿＿＿。

　　从上可知，万用表实质上是一个直流电流表，通过测量电路转换不同被测参数。

学习活动三　制订工作计划

学习目标

1. 能充分做好制订施工方案前期准备工作。
2. 能制订出较为完善的施工方案。
建议课时：4 课时

学习过程

一、制订施工方案前期准备

引导问题：

（1）制订施工方案需要考虑的因素有哪些？

....

....

....

....

（2）施工准备包括哪些内容？

....

....

....

....

二、制订施工方案

1. 用万用表测量电阻的方案

项目名称：_____

参与人员：_____

实施地点：_____

起止时间：　　　年　月　日　时　分　至　　　年　月　日　时　分

测量的方法和步骤：（将测量数据记录于表 2-11）

_____

_____

测量时的注意事项：_____

_____

_____

表 2-11　测量数据记录（测电阻）

被测元件	选择的万用表挡位	指针指示的读数	被测元件的电阻值

2. 用万用表测量交流电压的方案

项目名称：_____

参与人员：_____

实施地点：_____

起止时间：　　年　月　日　时　分　至　　　年　月　日　时　分

测量的方法和步骤：（将测量数据记录于表 2-12）_____

_____

_____

测量时的注意事项：_____

_____

_____

表 2-12 测量数据记录（测交流电压）

测量示意图	选择的万用表挡位	被测电压值
生活电压（电源电压、插座电压的测量）： 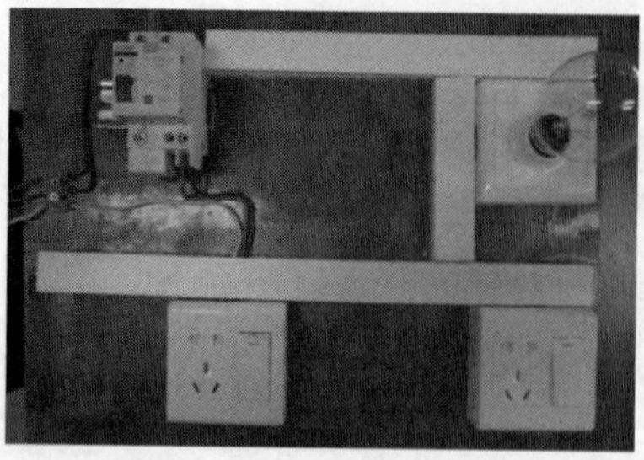		
三相四线制配电箱： 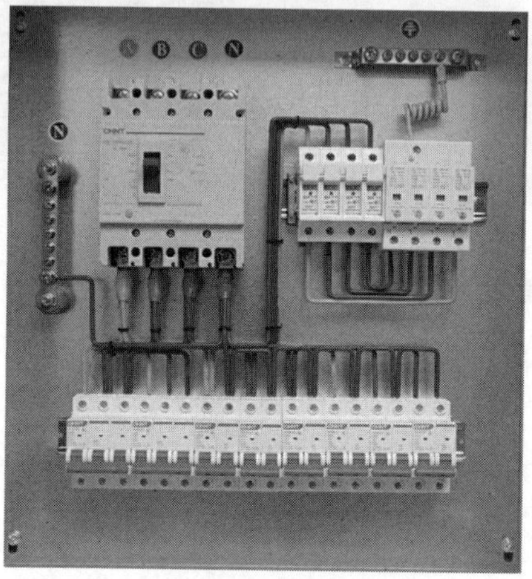	线电压： 相电压：	线电压： 相电压：

拓展：生活工作中还有哪些交流电压？试一试测量交流电压。

3. 用万用表测量直流电压的方案

项目名称：_____

参与人员：_____

实施地点：_____

起止时间：　　年　月　日　时　分　至　　　年　月　日　时　分

测量的方法和步骤：（将测量数据记录于表 2-13）

_____

_____

测量时的注意事项：_____

_____

_____

表 2-13　测量数据记录（测直流电压）

测量示意图	选择的万用表挡位	被测电压值

拓展：生活工作中还有哪些直流电压？试一试测量直流电压。

4. 用万用表测量直流电流的方案

项目名称：_____

参与人员：_____

实施地点：_____

起止时间：　　年　月　日　时　分 至　　年　月　日　时　分

测量的方法和步骤：（将测量数据记录于表 2-14）

_____

_____

测量时的注意事项：_____

_____

_____

表 2-14　测量数据记录（测直流电流）

任务要求	画出实物接线图	选择的万用表挡位	被测电流值
根据所学电路知识，利用实训桌上摆放的 1.5V 电池、导线、电阻等，构成回路并且测量电路直流电流			

续表

任务要求	画出实物接线图	选择的万用表挡位	被测电流值
根据所学电路知识，利用实训桌上摆放的9V电池、导线、电阻等，构成回路并且测量电路直流电流			

活动评价

以小组为单位，展示本组制订的工作计划。然后在教师点评基础上对工作计划进行修改完善，并根据以下评分标准进行评分。

评价内容	分值	评分		
		自我评价	小组评价	教师评价
计划制订是否有条理	10			
计划是否全面、完善	10			
人员分工是否合理	10			
任务要求是否明确	20			
工具清单是否正确、完整	20			
材料清单是否正确、完整	20			
是否团结协作	10			
合计				

学习活动四　现场施工

学习目标

1. 能正确使用万用表测量电阻、电压和直流电流。
2. 能根据仪表使用情况分析和排除故障。

建议课时：4 课时

学习过程

本活动的基本施工步骤如下：

确定测量对象→万用表使用前的检查→选择合适挡位→测量→读数并记录→万用表使用后的养护→交付验收。

一、使用万用表测量电阻

使用万用表测量电阻的步骤及说明见表 2-15。

表 2-15　使用万用表测量电阻的步骤及说明

步骤序号及名称	图片说明	文字说明
1. 使用前		①轻晃万用表,观察指针是否摆动自如,将万用表水平放置; ②检查表针的机械零位,若指针没有对准零位,可利用螺钉旋具进行机械调零,使指针指在"0"刻度线上; ③正确插接表笔,红表笔接"+",黑表笔接"-"或"com"; ④检查电池电量; ⑤不能带电测量电阻
2. 选挡		将挡位旋钮旋转到"Ω"区域的适当位置,选择合适的倍率(测量电阻时,指针停留在刻度盘中心刻度线的附近,即刻度标尺的 1/3~2/3,选择的倍率就合适了),未知电阻测量从 $R \times 100$ 挡开始试测
3. 欧姆调零		将红黑两表笔短接,调节欧姆调零旋钮,使万用表的指针指向电阻标尺线的"0"位。 注意:万用表测量电阻使用前或换挡后,都需要进行欧姆调零

步骤序号及名称	图片说明	文字说明
4. 测量		将万用表的一支表笔(红表笔)与电阻的一端接触,并用手将它们捏紧,手握另一支表笔(黑表笔)的绝缘杆,金属笔尖与电阻的另一端接触,进行测量。 　注意:握黑表笔的两手不能同时与电阻的任何部位接触,否则会增大测量的误差
5. 读数		根据选择的倍率 K 和指针指示的读数 R(读上边的第一条刻度线,即"Ω"刻度线),计算被测量电阻的电阻值 $R_x = KR$
6. 使用后		①将选择开关拨到 OFF 或最高交流电压挡,防止下次开始测量时不慎烧坏万用表。 　②长期搁置不用时,应将万用表的电池取出。 　③平时万用表要保持干燥、清洁,严禁振动或机械冲击

二、使用万用表测量交流电压

使用万用表测量交流电压的步骤及说明见表 2-16。

表 2-16　使用万用表测量交流电压（测量电源进线电压）的步骤及说明

步骤序号及名称	图片说明	文字说明
1. 使用前		①轻晃万用表,观察指针是否摆动自如,将万用表水平放置; ②检查表针的机械零位,若指针没有对准零位,可利用螺钉旋具进行机械调零,使指针指在"0"刻度线上; ③正确插接表笔,红表笔接"＋",黑表笔接"－"或"com"
2. 选挡		判断电压性质(生活用电属交流电压),单相电有效值 220V,将挡位旋钮旋转到"ACV"250V 挡(选择量程时,应尽可能使被测量值达到表头量程的 2/3 以上,以减小误差。测量电压时,如若不知道测量值的大小,应先选用最大量程试测,再逐步换用适当的量程,不允许带电换挡)
3. 选择测量点并进行测量		①选取测量点; ②交流电不分正负,测量电压要并联。 注意:测量电压时人身不得触及表笔的金属部分,以保证测量的准确性和安全
4. 读数		读取电压值:＿＿＿V
5. 使用后		测量完毕后将转换开关拨到 OFF 或最高直流电压挡,将万用表归位

三、使用万用表测量直流电压

使用万用表测量直流电压的步骤及说明见表 2-17。

表 2-17　使用万用表测量直流电压的步骤及说明

步骤序号及名称	图片说明	文字说明
1. 使用前		①轻晃万用表，观察指针是否摆动自如，将万用表水平放置； ②检查表针的机械零位，若指针没有对准零位，可利用螺钉旋具进行机械调零，使指针指在"0"刻度线上； ③正确插接表笔，红表笔接"＋"，黑表笔接"－"或"com"
2. 选挡		判断电压性质（直流电压），读取额定值，将挡位旋钮旋转到"DCV"2.5V挡（选择量程时，应尽可能使被测量值达到表头量程的 2/3 以上，以减小误差。测量电压时，如若不知道测量值的大小，应先选用最大量程试测，再逐步换用适当的量程，不允许带电换挡）
3. 选择测量点并进行测量		①选取测量点； ②红表笔接电源（电路）的"＋"，黑表笔接电源（电路）的"－"。 注意：测量电压时人身不得触及表笔的金属部分，以保证测量的准确性和安全
4. 读数		读取电压值：＿＿V
5. 使用后		测量完毕后将转换开关拨到 OFF 或最高直流电压挡，将万用表归位

四、使用万用表测量直流电流

使用万用表测量直流电流的步骤及说明见表 2-18。

表 2-18　使用万用表测量直流电流的步骤及说明

步骤序号及名称	图片说明	文字说明
1. 使用前		①轻晃万用表,观察指针是否摆动自如,将万用表水平放置; ②检查表针的机械零位,若指针没有对准零位,可利用螺钉旋具进行机械调零,使指针指在"0"刻度线上; ③正确插接表笔,红表笔接"+",黑表笔接"-"或"com"
2. 选挡		估算电流值(以 1.5V 电池,1kΩ 电阻为例),将挡位旋钮旋转到"DCmA"5mA 挡(选择量程时,应尽可能使被测量值达到表头量程的 2/3 以上,以减小误差。测量电流时,如若不知道测量值的大小,应先选用最大量程试测,再逐步换用适当的量程,不允许带电换挡)
3. 连接万用表		①画出实物接线图; ②按照接线图,将红表笔接电源(电路)的"+",黑表笔接电源(电路)的"-"。 注意:测量电路直流电流时,应先断电,将万用表串接在电路中(红表笔接电源(电路)的"+",黑表笔接电源(电路)的"-"),再进行测量
4. 测量并读数		读取电流值:____mA
5. 使用后		测量完毕后将转换开关拨到 OFF 或最高直流电流挡,将万用表归位

✏️ 练一练

参考图示所示万用表，完成表 2-19 中的内容。

练一练答案

表 2-19　电阻、电压、电流的测量值记录

已知	选用挡位	指针位置
$R=320\Omega$（例题）	$R\times 10$ 挡	30 往左偏一小格
$R=1600\Omega$		
$R=550\Omega$		
$R=8.5\Omega$		
$R=130k\Omega$		
ACV　180V（例题）	ACV 250V	200 往左退回 4 小格
ACV　380V		
ACV　220V		
ACV　270V		
ACV　42V		
DCV　1.6V		
DCV　36V		
DCV　8.8V		
DCmA　4.2mA		
DCmA　0.18mA		
DCmA　330mA		
DCmA　24mA		

学习活动五　交付验收

学习目标

1. 能够正确使用万用表并校验测量值是否符合工业要求。
2. 能正确填写考核验收单。

建议课时：**4 课时**

学习过程

（1）请描述万用表测量电阻、电压和直流电流的使用步骤。

（2）对比设备的相关数值，在使用万用表测量时是否一致？能否检查几处相关问题？如何解决问题？

（3）请填写交付考核验收单。

考核验收单

考核项目：万用表的使用		分值	评分		
			自我评分	小组评分	教师评分
仪表使用前的检查	检查仪表的外观	20			
	检查仪表的合格证				
	检查仪表的零点（机械调零）				
	检查仪表的指针摆动是否自如				
	检查表笔位置是否正确				
仪表使用过程中	正确选择挡位	60			
	正确选择合适的量程				
	正确选取测量点				
	正确测量				
	正确读数				
仪表使用后	测量结束，归位，整理工位	10			
安全文明生产	遵守安全文明生产规程	10			
	施工完成后认真清理现场				
施工额定用时_____实际用时_____超时扣分_____					

验收意见	□合格　　通过考核验收	
	□不合格　　需返回学习练习，延时验收	
	第　　组　　　组长签名：	教师签名：
	评语：	

日期：　　年　　月　　日

【总结与评价】

建议课时：4 课时

以小组为单位，选择演示文稿、展板、海报、录像等形式中的一种或几种，向全班展示、汇报学习成果，并完成评价单的填写。

评价单

评价类别	项目	子项目	自我评价	组内互评	教师评价
专业能力 （60分）	资讯（10分）	收集信息			
		引导问题回答			
	计划（5分）	计划可执行度			
		材料工具安排			
	实施（20分）	操作规范			
		功能实现			
		"6S"质量管理			
		安全用电			
		创意和拓展性			
	检查（10分）	全面性、准确性			
		故障的排除			
	过程（5分）	使用工具规范性			
		操作过程规范性			
		工具和仪表使用管理			
	检查（10分）	结果质量			

评价类别	项目	子项目	自我评价	组内互评	教师评价
社会能力 （20分）	团结协作 （10分）	小组成员合作良好			
		对小组的贡献			
	敬业精神 （10分）	学习纪律性			
		爱岗敬业、吃苦耐劳精神			
方法能力 （20分）	计划能力（10分）				
	决策能力（10分）				

班级		姓名		学号		总评	
教师签名		第　　组	组长签名			日期	
评价评语	评语：						

课题任务教学意见反馈表

我喜欢的:☺

我不喜欢的:☹

我不理解的:❓

我的建议:★

学到的最重要的课程:

填表日期：　　年　月　日

📋 **学习总结：**

知识拓展　分析简单直流电路

一、电阻串、并、混联

（一）电阻串联

1. 定义与作用

将两个或两个以上电阻首尾依次相连组成，并且无支路，叫电阻串联，如图 2-16 所示。电阻串联在电路中起到限流分压的作用。

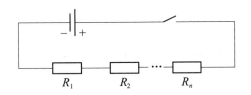

图 2-16　电阻串联电路

2. 电阻串联在电路中的特点

将电阻串联后，电路中只有一条通路，电流流经一个电阻到达下一个电阻，各电阻之间的工作是相互影响的。如果需要设置一个开关来控制电路，开关可控制所有电阻工作状态，但开关的位置不影响电路中电阻的工作状态。

（1）电流　电阻串联之后，流经各个电阻的电流相等，即 $I = I_1 = I_2 = \cdots = I_n$，如图 2-17 所示。

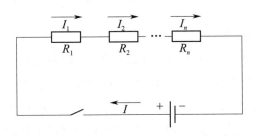

图 2-17　电阻串联电流特点

（2）电压　串联电阻各电阻两端的电压之和等于总电路两端电压，即 $U = U_1 + U_2 + \cdots + U_n$，如图 2-18 所示。

（3）电阻　串联之后的电阻总值等于各个电阻之和，即 $R = R_1 + R_2 + \cdots + R_n$，如图 2-19 所示。

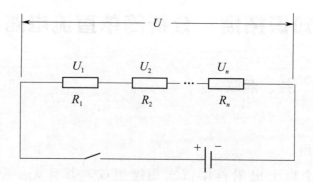

图 2-18　电阻串联电压特点

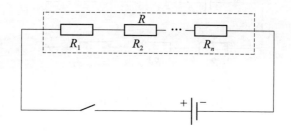

图 2-19　电阻串联阻值特点

（4）分压特点　串联的各个电阻在电路中起到分压作用，各电阻所得到的电压与电阻值大小成正比，即 $U_1:U_2:\cdots:U_n=R_1:R_2:\cdots:R_n$。

（5）电功率、电功　串联之后各个电阻的电功率、电功与电阻值大小成正比，即 $P_1:P_2:\cdots:P_n=W_1:W_2:\cdots:W_n=R_1:R_2:\cdots:R_n$。

3. 电阻串联的优缺点

电路中使用电阻串联，可以起到对电路的保护作用，防止某个电阻短路时造成电流过大。在调速电路中串联多个电阻，可以对电流进行控制和调节，从而起到调速作用。同时，串联电阻的电路可以增加电路对电压的承载能力。在一个电路中，若想控制所有电阻，即可使用串联电阻的电路。

但是在电阻串联的电路中，只要有某一个电阻断开，整个电路就成为断路，即所有串联的电阻都不能正常工作。

（二）电阻并联

1. 定义与作用

并联电阻是将两个或两个以上电阻采用首首相接，同时尾尾亦相连的连接方式连接起来，构成多个支路，如图 2-20 所示。电阻并联可使电路中总电阻减小，从而使总电流变大，同时还可以分流，使原来电路电流分流，减小支路电流。

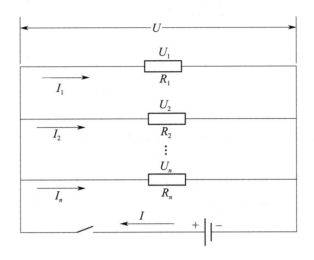

图 2-20　电阻并联电路

2. 电阻并联在电路中的特点

在并联电阻电路中，电路可以有两条或多条支路，各支路电阻可以独立工作，互不影响。主干电路可以控制所有电阻工作，但各支路也可以独立控制工作。一个支路电阻断开工作，不影响其他支路电阻工作。

① 在并联电阻电路中，总电流等于各支路电阻电流之和，即 $I = I_1 + I_2 + \cdots + I_n$；

② 在并联电阻电路中，各电阻电压都相等，即 $U = U_1 = U_2 = \cdots = U_n$；

③ 在并联电阻电路中，总电阻的阻值倒数等于各支路电阻阻值的倒数之和，即 $1/R = 1/R_1 + 1/R_2 + \cdots + 1/R_n$；

④ 在并联电阻电路中，电流的分配和电阻成反比。

3. 电阻并联的优缺点

在电阻并联电路中，各个电阻可以独立工作，如果一个电阻断开，其他电阻不受影响，但如果一个电阻短路，整个电路都被短路。同时，各电阻电流加起来才等于总电流，由此可见，电阻并联电路中电流消耗大。

（三）电阻的混联

混联是由串联和并联组合在一起的特殊组合。在电阻电路里既有电阻串联也有电阻并联，就叫电阻的混联，如图 2-21 所示。

混联电阻既有串联电阻的特点，又有并联电阻的特点，混联电阻的主要特征就是串联分压，并联分流。

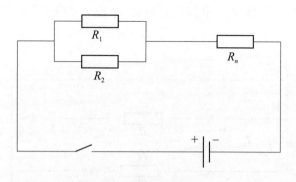

图 2-21　电阻的混联电路

混联电阻的优点：可以单独使某个电阻工作或不工作。

混联电阻的缺点：如果干路上有一个电阻损坏或断路会导致整个电阻电路无效。

二、欧姆定律

欧姆定律可以简述为：在同一电路中，导体中的电流和导体两端的电压成正比，和导体的电阻成反比，如图 2-22 所示。

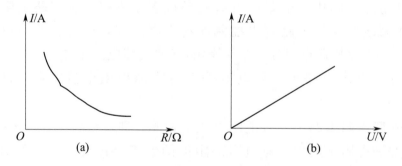

图 2-22　欧姆定律示意图

欧姆定律的标准式为 $I=U/R$。其中，公式中物理量的单位：I（电流）的单位是 A（安培）、U（电压）的单位是 V（伏特）、R（电阻）的单位是 Ω（欧姆）。

欧姆定律适用于纯电阻电路，使用金属导电和电解液导电，在气体导电和半导体元件等中欧姆定律将不适用。

三、基尔霍夫定律

基尔霍夫定律是电路理论中最基本也是最重要的定律之一，它概括了电路中电流和电压分别遵循的基本规律，包括基尔霍夫电流定律（KCL）和基尔霍夫电压定律（KVL）。

1. 基尔霍夫第一定律

基尔霍夫第一定律又称<u>基尔霍夫电流定律</u>，简记为 KCL。它的内容为：在任一瞬时，流入某一节点的电流之和恒等于由该节点流出的电流之和，即 $\sum I_{流入}=\sum I_{流出}$。

例如图 2-23 中，在节点 A 上：

流入有 I_1、I_3；流出有 I_2、I_4、I_5；所以根据定律有 $I_1+I_3=I_2+I_4+I_5$。变形得 $I_1+I_3+(-I_2)+(-I_4)+(-I_5)=0$。

如果规定流入节点的电流为正，流出节点的电流为负，则可得出下面的结论：

$$\sum I=0$$

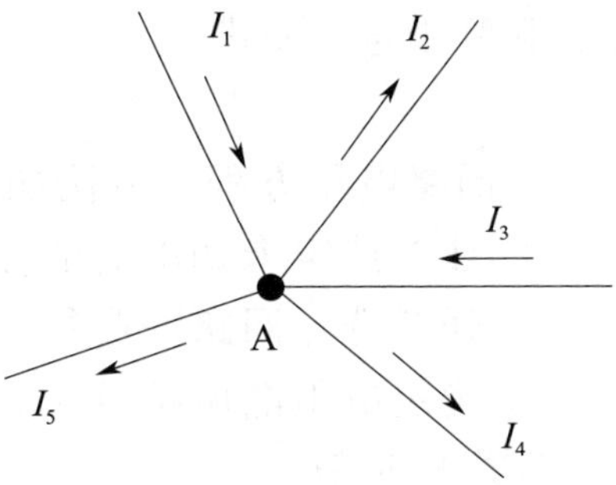

即基尔霍夫电流定律的第二种表述：在任一时刻，连接在电路中任一节点上的各支路电流代数和等于零。

图 2-23　节点 A 的电流

需要注意的是：应用基尔霍夫电流定律时必须首先假设电流的参考方向（即假定电流流动的方向，叫作电流的参考方向，通常用"→"号表示），若求出电流为负值，则说明该电流实际方向与假设的参考方向相反。

【例题 1】　如图 2-24 所示电桥电路，已知 $I_1=25\text{mA}$，$I_3=16\text{mA}$，$I_4=12\text{mA}$，试求其余电阻中的电流 I_2、I_5、I_6。

解：在节点 a 上 $I_1=I_2+I_3$，则 $I_2=I_1-I_3=25-16=9\text{mA}$。

在节点 d 上 $I_1=I_4+I_5$，则 $I_5=I_1-I_4=25-12=13\text{mA}$。

在节点 b 上 $I_2=I_6+I_5$，则 $I_6=I_2-I_5=9-13=-4\text{mA}$。

电流 I_2 与 I_5 均为正数，表明它们的实际方向与图中所标定的参考方向相同；I_6 为负数，表明它的实际方向与图中所标定的参考方向相反。

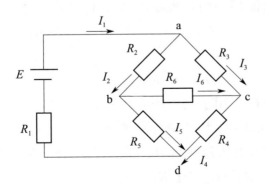

图 2-24　电桥电路

2. 基尔霍夫第二定律

基尔霍夫第二定律又称基尔霍夫电压定律，简记为 KVL。它的内容为：在任意回路中，从一点出发绕回路一周回到该点时，各段电压（电压降）的代数和等于零。公式：

$$\sum U = 0$$

列回路电压方程的方法如下：

① 任意选定未知电流的参考方向。

② 任意选定回路的绕行方向。

③ 确定电阻电压正负。若绕行方向与电流参考方向相同，电阻电压取正值；反之取负值。

④ 确定电源电动势正负。若绕行方向与电动势方向（由负极指向正极）相反，电动势取正值；反之取负值。

【例题 2】 如图 2-25 所示，abcda 回路的电压方程如何写？

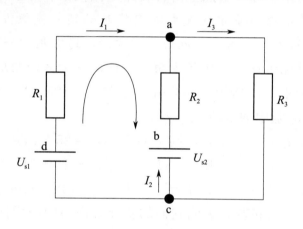

图 2-25 【例题 2】图题

解： 按标注方向循环一周，根据电压与电流的参考方向可得：$U_{ab} + U_{bc} + U_{cd} + U_{da} = 0$。由于 $U_{ab} = -I_2 R_2$、$U_{bc} = U_{s2}$、$U_{cd} = -U_{s1}$、$U_{da} = I_1 R_1$，分别代入上式可得：

$$I_1 R_1 - I_2 R_2 + U_{s2} - U_{s1} = 0$$

基尔霍夫定律可推广用于任一闭合回路。

【例题 3】 怎样求出图 2-26 中开路电压 U_{ab}？

解： 根据基尔霍夫电压定律可得：$U_{ab} + I_3 R_3 + I_1 R_1 - U_{s1} - I_2 R_2 + U_{s2} = 0$，

即 $U_{ab} = -I_3 R_3 - I_1 R_1 + U_{s1} + I_2 R_2 - U_{s2}$。

用基尔霍夫定律解题的步骤：

① 标出各支路的电流方向和网孔电压的绕向。

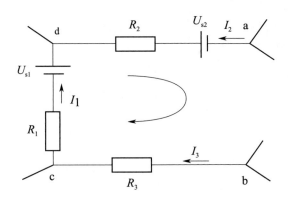

图 2-26　【例题 3】图题

② 用基尔霍夫电流定律列出节点电流方程式（若电路有 m 个节点，只需列出任意 $m-1$ 个独立节点的电流方程）。

③ 用基尔霍夫电压定律列出网孔的回路电压方程 [n 条支路列 $n-(m-1)$ 个方程]。

④ 联立方程求解支路的电流（n 条支路列 n 个方程）。

⑤ 确定各支路电流的实际方向。当支路电流计算结果为正值时，其实际方向与假设的参考方向相同，反之则相反。

三相异步电动机绝缘性能测试

📖 任务目标

1. 能通过阅读工作联系单和现场勘察，明确工作任务要求。
2. 能够准确记录施工现场环境，正确描述被测对象参数，正确描述电气设备或线路绝缘性能测试的意义。
3. 能正确描述兆欧表的功能、基本结构，并正确使用兆欧表。
4. 能根据任务要求，结合现场勘察的实际情况，列举所需工具和材料清单，制订小组工作计划。
5. 能按照作业规程应用必要的标识和隔离措施，准备现场工作环境。
6. 能正确使用兆欧表测量三相异步电动机的绝缘电阻，正确判断电气设备绝缘性能好坏。
7. 作业完毕后能按照电工作业规程清点、整理工具，清理现场，拆除防护措施。

建议课时：16 课时

⚙ 学习情境描述

新学期即将上课，现要对全校教学场所进行一次安全大检查，学校安排某班对汽车美容实训室进行检查，其中有一项工作内容是对该实训室假期停用的水泵（由三相异步电动机驱动）进行绝缘性能测试，以便通电检查其使用性能，请按要求尽快完成相关工作。

➡ 学习流程与活动

1. 明确工作任务并收集信息。
2. 施工前的准备。
3. 制订工作计划。

4. 现场施工。
5. 交付验收。
6. 总结与评价。

学习活动一　明确工作任务并收集信息

学习目标

1. 能通过阅读工作任务联系单，明确工作内容、工时等要求。
2. 能准确记录工作现场的环境条件，准确描述被测对象参数。
3. 能正确判断电气设备或线路的绝缘性能的好坏，准确描述电气设备或线路绝缘性能测试的意义。

建议课时：2 课时

学习过程

一、阅读工作任务联系单

阅读工作任务联系单（表 3-1），说出本次任务的工作内容、时间要求等基本信息，并根据实际情况补充完整。

表 3-1　工作任务联系单

编号：　　　　　　　　　　　　　　　　　　　　　　年　　月　　日

	报修部门	汽车系	报修人	石海	联系电话	2515015
报修项目	报修事项:对汽车美容实训室假期停用的水泵(由三相异步电动机驱动)进行绝缘电阻测试,并判断电动机绝缘性能是否良好。要求 1 小时完成					
	报修时间	10:00	要求完成时间	16:00	派单人	赵敏
维修项目	接单人		维修开始时间		维修完成时间	
	维修地点	洗车美容实训中心		维修人员签字		
	维修结果			班组长签字		
验收项目	维修人员工作态度是否端正:是□　　否□ 本次维修是否已解决问题:是□　　否□ 是否按时完成:是□　　否□ 客户评价:非常满意□　　基本满意□　　不满意□ 客户意见或建议: 客户签字:					

二、勘察现场，收集信息和材料

（1）翻阅相关资料，勘察电动机安装现场基本情况（包括安装位置、与其他设备的连接情况、电动机铭牌识读等），并做好记录。

任务三-学习活动一-部分参考答案

....

....

....

....

（2）知识引导（查阅《电工作业》《用电安全》等资料，填写补充）。

① ＿＿＿＿＿、＿＿＿＿＿、＿＿＿＿＿、＿＿＿＿＿等都是防止直接接触电击的防护措施。

② 所谓＿＿＿＿＿，就是指用绝缘材料把带电体封闭起来，实现带电体相互之间、带电体与其他物体之间的电气隔离，是电流按指定路径通过，确保电气设备和线路正常工作，防止人身触电。

思考： 绝缘是导电还是不导电？

③ 对绝缘的材料施加的＿＿＿＿＿与＿＿＿＿＿之比称为＿＿＿＿＿。

④ ＿＿＿＿＿是最基本的绝缘性能指标。足够的绝缘电阻能把电气设备的泄漏电流限制在很小的范围内，防止由漏电引起的触电事故。

思考： 绝缘电阻越大越好还是越小越好？

⑤ 不同的线路或设备对绝缘电阻有不同的要求。一般来说，高压较低压要求高，新设备较老设备要求高，移动的较固定的要求高等。下面列出几种主要线路和设备应当达到的绝缘电阻值。

a. 新装和大修后的低压线路和设备，要求绝缘电阻不低于＿＿＿＿＿。

b. 实际上，设备的绝缘电阻值应随温升的变化而变化，运行中的线路和设备，要求可降低为绝缘电阻不低于＿＿＿＿＿；在潮湿的环境中，要求可降低为绝缘电阻不低于＿＿＿＿＿。

c. 便携式电气设备的绝缘电阻不低于＿＿＿＿＿。

d. 配电盘二次线路的绝缘电阻不应低于＿＿＿＿＿，在潮湿环境中可降低为＿＿＿＿＿。

e. 高压线路和设备的绝缘电阻一般不应低于＿＿＿＿＿。

f. 架空线路每个悬式绝缘子的绝缘电阻不应低于＿＿＿＿＿。

g. 运行中电缆线路的绝缘电阻可参考表 3-2 的要求。表中，干燥季节应取较大的数值，潮湿季节可取较小的数值。

表 3-2　运行中电缆线路的绝缘电阻（500m 内）

额定电压/kV	3	6～10	20～35
绝缘电阻/MΩ	300～750	400～1000	600～1500

⑥ 测量绝缘电阻使用的仪表是＿＿＿＿＿＿＿。

思考：为什么不可以使用万用表测量绝缘电阻？

（3）水泵（三相异步电动机）绝缘性能测试应包括：

① ＿＿＿＿＿＿＿＿＿＿＿＿＿＿＿＿＿＿＿＿＿＿＿＿＿＿＿＿＿＿＿＿＿＿。

② ＿＿＿＿＿＿＿＿＿＿＿＿＿＿＿＿＿＿＿＿＿＿＿＿＿＿＿＿＿＿＿＿＿＿。

所测绝缘电阻均应不得低于＿＿＿＿＿＿，则水泵绝缘性能良好，否则应进行相应绝缘处理，或进行维修或更换。

（4）勘察完现场后，如果要正常完成这项检修任务，还应准备什么？

....

....

....

....

（5）结合生活生产实际及用电安全要求，电动机在什么情况下必须进行绝缘性能的检测？

....

....

....

....

....

提示：在电气设备实际运行过程中，电气设备绝缘性能往往决定着整个电气设备的寿命，绝缘性能降低，可能导致非常严重的后果，如火灾、设备损坏等，以致破坏整个系统的正常运行，甚至造成人身伤亡。据统计，电气设备运行中，60%～80%的事故是由绝缘故障导致的。而绝缘检测项目中，兆欧表是测量过程中最常使用的仪表之一。为了更准确、可靠、有效地检测出设备绝缘裂化程度，及时发现绝缘隐患，避免事故的发生，应该牢固掌握绝缘电阻的检测方法。

学习活动二　施工前的准备

学习目标

1. 能够正确描述兆欧表的功能。
2. 能够正确描述兆欧表的基本结构。
3. 能够正确使用兆欧表。

建议课时：**2 课时**

学习过程

一、认识兆欧表

1. 兆欧表简介

兆欧表俗称摇表，是一种专门用来测量电气设备或线路绝缘电阻的便携式仪表，其单位是兆欧（MΩ）。常用的兆欧表有机械式和电子式，如图 3-1 所示。请将 ZC 系列兆欧表（图 3-2）各部分结构的名称补充完整，后续将通过正确使用机械式兆欧表，完成三相异步电动机绝缘性能测试的工作任务。

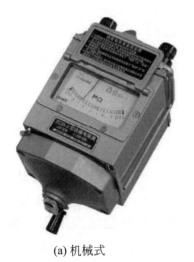

(a) 机械式

(b) 电子式

图 3-1　常用兆欧表

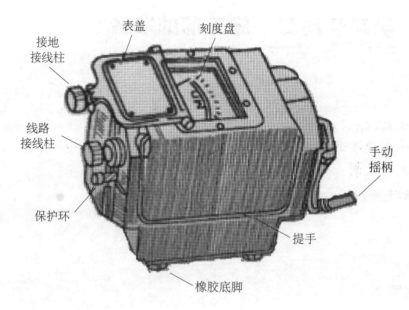

接地
接线柱

表盖

刻度盘

线路
接线柱

手动
摇柄

保护环

提手

橡胶底脚

图 3-2　兆欧表外观示意图

任务三-学习活动二-
部分参考答案

一般兆欧表主要由_____、_____、_____三大部分组成。

2. 兆欧表的选择

手摇直流发电机的额定电压主要有 500V、1000V、2500V 等几种。兆欧表应按被测电气设备的电压等级选用。

① 一般额定电压在 500V 以下的的设备，选用_____的兆欧表；

② 额定电压为 500～1000V 设备，选用_____的兆欧表；

③ 额定电压在 1000V 以上的设备，选用_____的兆欧表；

④ 特殊要求的设备，选用_____的兆欧表。

二、兆欧表的工作原理（选学）

兆欧表结构原理示意图见图 3-3。当以 120r/min 的速度均匀摇动手柄时，表内的直流发电机输出该表的额定电压，在线圈 1 与被测电阻间有电流 I_1，在线圈 2 与表内附加电阻 R_2 间有电流 I_2，两种电流与磁场作用产生相反的力矩，当 I_1 电流最大（即被测电阻为 0），指针指向刻度 0。当 I_1 电流为零（即开路状态），指针指向刻度无穷大（∞），当被测电阻为一定值时，指针指在被测电阻的数值上。由于摇表没有游丝，不能产生反作用力矩，所以摇表在不测时停留在任意位置（即不定位），而不是回到 0。这与其他指针式的仪表是有区别的。

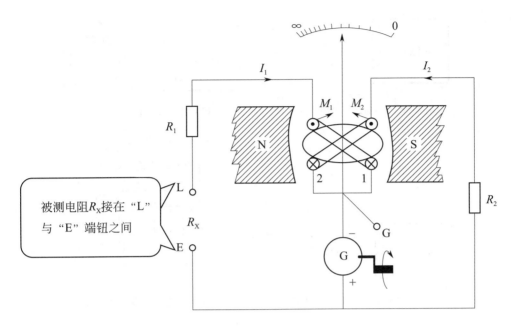

图 3-3　兆欧表结构原理示意图

三、兆欧表的使用方法

① 测量前，应切断被测电气设备及回路的电源，并将设备引出线对地短路放电，以保证人身与兆欧表的安全和测量结果准确。

② 被测物表面（测量点）要清洁，减少接触电阻，确保测量结果的正确性。

③ 测量前，应检查兆欧表好坏（进行开路和短路试验）。

开路试验：将兆欧表保持水平位置，将接线柱"线（L）"和"地（E）"上的两表笔_____，左手按住表身，右手摇动兆欧表摇柄，转速约 120r/min，指针应指向无穷大（∞）。

短路试验：将接线柱"线（L）"和"地（E）"上的两表笔_____，缓慢摇动手柄，观察指针是否指在标尺的"0"位。如指针不能指到相应的位置，表明兆欧表有故障，应检修后再用。

④ 测量时必须正确接线。接地"E"端钮应接在电气设备金属外壳或地线上，线路"L"端钮与被测导体连接。保护环"G"端接在电气设备的屏蔽上或不需要测量的部分。测量绝缘电阻时一般只用"L"和"E"端，但在测量电缆的绝缘电阻或被测电气设备漏电流较严重时（如在潮湿的天气里测量设备的绝缘电阻），就要使用"G"端，并将"G"端接屏蔽层或外壳上，以消除绝缘物表面的泄漏电流对所测绝缘电阻值的影响。兆欧表测量电气设备或线路的绝缘电阻接线图如图 3-4 所示。

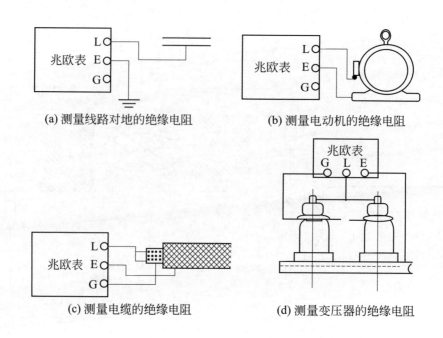

(a) 测量线路对地的绝缘电阻   (b) 测量电动机的绝缘电阻

(c) 测量电缆的绝缘电阻   (d) 测量变压器的绝缘电阻

图 3-4 用兆欧表测量电气设备或线路的绝缘电阻接线图

⑤ 兆欧表接线柱引出的测量软线绝缘应良好，两根导线之间和导线与地之间应保持适当距离，不能缠绕在一起，以免影响测量精度。

⑥ 摇动兆欧表时，置于水平位置，线路接好后，摇动手柄应由慢渐快匀加速转动（摇把转动时其端钮间不许短路，若发现指针指零说明被测绝缘物可能发生了短路，这时就不能继续摇动手柄，以防表内线圈发热损坏），一般应保持在 120r/min，匀速不变，一般采用 1min 读数为准，边摇边读数，不能停下来读数。摇测时不能用手接触兆欧表的接线柱和被测回路，以防触电。

⑦ 读数完毕，将被测设备放电。在测量容性设备时，要有一定的充电时间，测量结束后，先取下测量用引线，再停止摇动摇把手，然后再将设备引出线对地短路放电。

四、兆欧表的使用知识问答

（1）兆欧表的选择依据是_____。

（2）兆欧表刻度盘指针指示位置_____。

（3）兆欧表开路试验指针指向_____；短路试验指针指向_____。

（4）兆欧表屏蔽端"G"的作用是_____。

（5）兆欧表的引线使用绝缘较好的单根多股软线，并采用不同颜色以便于识别和使用，一般接地"E"用____色线，线路"L"用____色线。

（6）可否带电测量电气设备或线路的绝缘电阻？为什么？

_____

_____

（7）查阅相关资料，描述一下切断被测电气设备及回路的电源，需要注意和完成哪些安全技术措施？

_____

_____

（8）测量前、测量后是否需对电气设备放电？如何放电？

_____

_____

学习活动三　制订工作计划

📖 学习目标

1. 能根据任务要求，结合现场勘察的实际情况，列举所需工具和材料清单。
2. 能根据勘察施工现场的结果，制订小组工作计划。

建议课时：4 课时

🖋 学习过程

查阅相关资料，了解任务实施的基本步骤，根据勘察的实际情况，结合作业施工的安全操作规程合理地进行人员分工、准备工具及材料清单、工序及工期安排、安全防护措施准备等等。

一、人员分工

1. 小组负责人：_____。
2. 小组人员及分工（表3-3）

表 3-3　小组人员及分工记录

姓名	分工

二、准备工具及材料清单（表 3-4）

表 3-4　工具及材料清单记录

序号	工具或材料名称	单位	数量	备注

三、工序及工期安排（表 3-5）

表 3-5　工序及工期安排记录

序号	工作内容	完成时间	备注

四、安全防护措施

（空白框）

活动评价

以小组为单位，展示本组制订的工作计划。然后在教师点评基础上对工作计划进行修改完善，并根据以下评分标准进行评分。

评价内容	分值	评分		
		自我评价	小组评价	教师评价
计划制订是否有条理	10			
计划是否全面、完善	10			
人员分工是否合理	10			
任务要求是否明确	20			
工具清单是否正确、完整	20			
材料清单是否正确、完整	20			
是否团结协作	10			
合　计				

学习活动四　现场施工

学习目标

1. 能按照作业规程应用必要的标识和隔离措施，准备现场工作环境。
2. 能正确使用兆欧表测量三相异步电动机的绝缘电阻。
3. 作业完毕后能按照电工作业规程清点、整理工具，清理现场，拆除防护措施。

建议课时：2 课时

学习过程

查阅有关资料，学习相关的操作方法，按照以下步骤完成三相异步电动机绝缘电阻测试练习，并回答相关问题。

三相异步电动机绝缘电阻测试步骤：兆欧表的选择与检查→安全技术措施→确定测量点→测量电动机绕组间的绝缘电阻→测量电动机对地的绝缘电阻→测后恢复。

请按表 3-6 的操作步骤及要点提示进行操作并记录。

表 3-6　三相异步电动机绝缘电阻测试操作步骤及要点提示

序号	操作步骤及图示	技术要点提示	操作记录及心得体会
1	兆欧表的选择 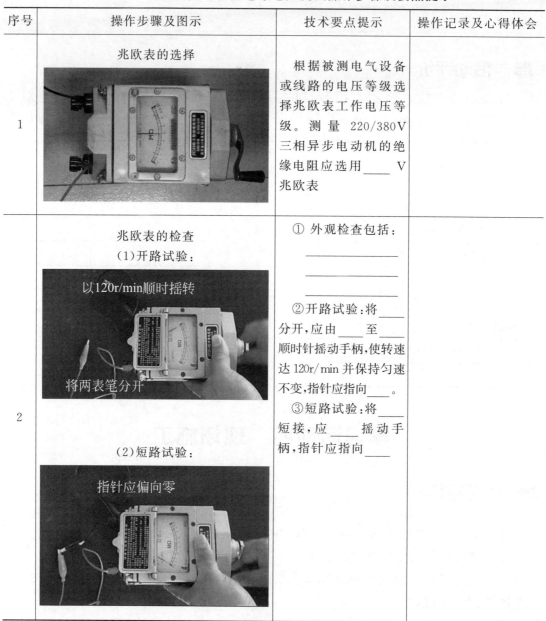	根据被测电气设备或线路的电压等级选择兆欧表工作电压等级。测量 220/380V 三相异步电动机的绝缘电阻应选用____ V 兆欧表	
2	兆欧表的检查 （1）开路试验： 以120r/min顺时摇转 将两表笔分开 （2）短路试验： 指针应偏向零	① 外观检查包括： ———————— ———————— ② 开路试验：将____分开，应由____至____顺时针摇动手柄，使转速达 120r/min 并保持匀速不变，指针应指向____。 ③ 短路试验：将____短接，应____摇动手柄，指针应指向____	

续表

序号	操作步骤及图示	技术要点提示	操作记录及心得体会
3	停电,验电,挂标示牌  	拉闸断电,验电确认停电,悬挂标示牌(考查验电笔使用注意事项及如何选择标示牌)	
4	打开接线盒,拆卸连接片和电源引线 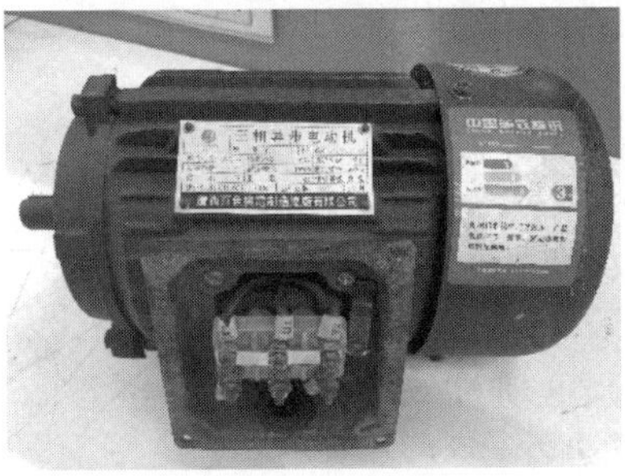 	①对称拆卸电动机接线盒连接螺母,打开接线盒。 ②用验电笔测试电动机三相绕组是否带电。如带电,应如何处理? ③检查电动机三相电接法,拆除连接片和电源引线。对电源引线头做好绝缘处理	
5	确定测量点  	①确定绕组三个首端__、__、__(或三个尾端__、__、__)作为绕组间绝缘电阻测量点。 ②确定电动机接地端钮或电动机____外壳作为绕组对地(金属外壳)间绝缘电阻测量点。 ③用细砂纸擦除测量点处的铁锈,用棉纱布擦净测量点	

续表

序号	操作步骤及图示	技术要点提示	操作记录及心得体会
6	测量电动机绕组间的绝缘电阻  	①电动机绕组间绝缘电阻测试需分别对____－____、____－____、____－____进行测试。 ②测试时应远离磁场地点，水平放置兆欧表，一手按兆欧表，一手由慢至快均加速摇动手柄到额定转速120r/min，待指针不再转动（一般以1min为准）时读数，就是绝缘电阻值，记录读数。 思考：若摇动手柄，指针指"0"应如何处理？为什么？	
7	测量电动机绕组对地（金属外壳）的绝缘电阻 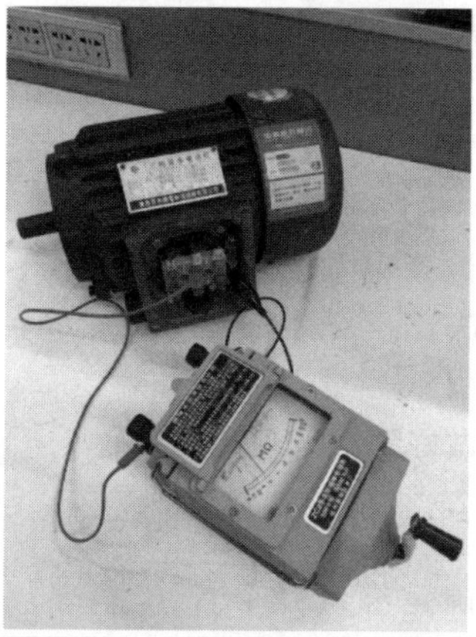 	①电动机绕组对地（金属外壳）的绝缘电阻测试需分别对_____－_____、_____－_____、_____－_____进行测试。 ②电动机绕组对地（金属外壳）的绝缘电阻测试，"L"应接____端，"E"应接____端。 ③测量，并记录读数	
8	测后恢复 	①按拆卸的____顺序安装连接片、电源引线和接线盖，对称上紧连接螺母。检查无误后，摘下标示牌。 ②清洁和回收工具、用具，清理现场	

学习活动五　交付验收

学习目标

1. 能正确判断电气设备或线路的绝缘性能。
2. 能正确填写验收单，并交付验收。

建议课时：2 课时

学习过程

（1）为什么不可以使用万用表测量绝缘电阻？

（2）请描述兆欧表测量三相异步电动机绝缘电阻的使用步骤。

（3）查阅相关学习资料结合相关动手实践，归纳和总结兆欧表测量电气设备或线路绝缘电阻时有什么注意事项？

（4）以小组为单位认真填写三相异步电动机绝缘电阻测试考核验收单，并将学习活动一中的工作任务联系单填写完整。

考核验收单

考核项目:三相异步电动机绝缘性能测试		分值	评分		
			自我评分	小组评分	教师评分
准备工作	工具准备	10			
	穿戴好劳保用品				
兆欧表的选择与检查	根据被测设备的电压等级正确选用相符合的兆欧表	30			
	对所选表计进行外观检查,表面无损伤,接线柱完好,表示清晰				
	对所选用的导线进行检查,完好无损,符合要求				
	对所选用的兆欧表进行正确的检查测试,检查其完好性				
安全技术措施得当	正确检查被测设备确已无电,并做好安全技术措施	15			
兆欧表的正确使用	正确测量电动机绕组间绝缘电阻	30			
	正确测量电动机绕组与地(金属外壳)间绝缘电阻				
	正确判断电动机绝缘性能				
安全文明生产	遵守安全文明生产规程	15			
	施工完成后认真清理现场				

施工额定用时_____ 实际用时_____ 超时扣分_____

验收意见	□合格　　　通过考核验收	
	□不合格　　需返回学习练习,延时验收	
	第　　组　　　组长签名:	教师签名:
	评语:	

日期:　　年　　月　　日

【总结与评价】

建议课时：4 课时

以小组为单位，选择演示文稿、展板、海报、录像等形式中的一种或几种，向全班展示、汇报学习成果，并完成评价单的填写。

评价单

评价类别	项 目	子 项 目	自我评价	组内互评	教师评价
专业能力（60分）	资讯（10分）	收集信息			
		引导问题回答			
	计划（5分）	计划可执行度			
		材料工具安排			
	实施（20分）	操作规范			
		功能实现			
		"6S"质量管理			
		安全用电			
		创意和拓展性			
	检查（10分）	全面性、准确性			
		故障的排除			
	过程（5分）	使用工具规范性			
		操作过程规范性			
		工具和仪表使用管理			
	检查（10分）	结果质量			
社会能力（20分）	团结协作（10分）	小组成员合作良好			
		对小组的贡献			
	敬业精神（10分）	学习纪律性			
		爱岗敬业、吃苦耐劳精神			
方法能力（20分）	计划能力（10分）				
	决策能力（10分）				
评价评语	班级		姓名	学号	总评
	教师签名		第　　组	组长签名	日期
	评语：				

课题任务教学意见反馈表

我喜欢的:☺
我不喜欢的:☹
我不理解的:⑦
我的建议:★
学到的最重要的课程:

填表日期:　　年　　月　　日

学习总结：

能力拓展　用兆欧表测量指定设备的绝缘电阻

根据所学知识，完成表 3-7。

表 3-7　绝缘电阻测量记录

序号	设备名称及形状	测量设备的绝缘电阻值	设备要求的绝缘电阻值	设备的绝缘电阻是否符合要求
1	电缆			
2	火花塞			

序号	设备名称及形状	测量设备的绝缘电阻值	设备要求的绝缘电阻值	设备的绝缘电阻是否符合要求
3	 控制变压器			

三相异步电动机工作电流检测

📚 任务目标

1. 能通过阅读设备检测记录单，明确工作内容和要求。
2. 能够准确记录工作现场环境条件，正确描述监测电气设备或线路工作电流的意义。
3. 能正确描述钳形电流表的功能、基本结构，正确使用钳形电流表。
4. 能根据任务要求，结合现场勘察的实际情况，列举所需工具和材料清单，制订小组工作计划。
5. 能按照作业规程应用必要的安全防护用品和措施，准备现场工作环境。
6. 能正确使用钳形电流表测量三相异步电动机的三相电流，正确判断电动机运行是否正常并能分析原因。
7. 作业完毕后能按照电工作业规程清点、整理工具，清理现场，拆除防护措施。

建议课时：16 课时

⚙ 学习情境描述

夏季是用电用水高峰，后勤科负责人要求电工班定期在学生用水高峰检测水泵工作电流，检查水泵工作情况是否正常，确保水泵安全运行，保障学院后勤服务工作。

➡ 学习流程与活动

1. 明确工作任务并收集信息。
2. 施工前的准备。
3. 制订工作计划。
4. 现场施工。
5. 交付验收。
6. 总结与评价。

学习活动一 明确工作任务并收集信息

学习目标

1. 能通过阅读设备检测记录单，明确工作内容、工时等要求。
2. 能准确记录工作现场的环境条件，正确识读所测电气设备的铭牌参数。
3. 能准确描述监测电气设备或线路工作电流的意义。

建议课时：2 课时

学习过程

一、阅读设备检测记录单

阅读设备检测记录单（表 4-1），说出本次任务的工作内容、时间要求等基本信息，并将下表补充完整。

表 4-1 设备检测记录单

编号：　　　　　　　　　　　　　　　　　　　　　　年　　月　　日

设备名称	水泵	安装位置	水泵房	设备型号	
设备编号	1～2	检测项目	水泵工作电流	派单人	沈志
接单人			记录时间		
序号	设备检测记录事项		检测结果	备注	
1	电动机 A 相电流				
2	电动机 B 相电流				
3	电动机 C 相电流				
检测结论(下一步处理意见)					
维修人员签字			班组长签字		

二、勘察现场，收集信息和材料

（1）翻阅相关资料，勘察水泵房工作环境，检查水泵机安装位置、配电柜（电源连接）情况、铭牌等，并做好记录。

任务四-学习活动一
部分参考答案

....

（2）知识引导（查阅《电工基础》《电动机与变压器》等资料或其他教学资料，填写补充）。

① _____是电学中最基本的物理量之一，通过_____检测可以直观反映出负载（电气设备）或线路的工作状态。

② 电动机的额定电流是指电动机在额定电源电压、输出额定功率时，流入定子绕组的_____电流。电动机正常运行电流并不一定是其额定电流，而是_____工作电流。一般电动机工作电流不能超过_____，或者不能长时间高于_____运行，否则会对电机造成损坏。

③ 三相异步电机的三相电流不平衡度的标准是：

a. 三相电流不平衡度_____10%。计算方法：

三相电流不平衡度＝（三相电流平均值－任一相电流）×100/ 三相电流平均值

b. 电流测量计的精度一般为0.5%～1%，加上人为的读数误差。

c. 电机定子绕组三相的电阻是否平衡以及绝缘是否正常。

d. 三相的电源电压是否平衡。

④ 复习任务二测电流的方法，绘制常见的两种测量电流的示意图。

⑤ 可以在不断开线路的情况下在线测量线路交流电流的仪表是_____。其原理是_____。

（3）勘察完现场后，如果要正常完成这项工作任务，还应准备什么？

....

（4）翻阅或查找相关资料，请说一说根据电动机电流检测结果判断电动机故障实例。

提示:

作为维修电工,对电动机故障电流的测量是重中之重,测量判断标准为:任何一相电流值与三相电流平均值之差不大于10%。

正常运行的电动机,在电源电压平衡的条件下,其三相电流基本是平衡的。在异步电动机运行中,如果用电流表或钳形电流表测出三相电流严重不平衡,则可能是以下原因引起的:

① 由于某种原因,导致三相电压不平衡,由此带来三相电流也不平衡。如果是电源缺相或一相接触不良造成电动机缺相运行,对于星形接法电动机则其他两相绕组中电流急剧上升,而三角形接法电动机则一相绕组中电流急剧上升,时间一长,则烧毁绕组,这种情况危害最大。根据统计,此类故障占电动机烧毁事故的50%以上。

② 三相绕组中某条支路断路,造成三相阻抗不一致,因此三相电流不平衡。

③ 电动机绕组发生匝间或接地短路故障,若故障严重,断路器等过流装置会跳闸,不严重时,往往不会跳闸,此时三相电流不平衡。潜伏短路故障的绕组电流很大,引起绕组额外发热,时间稍长,故障会进一步扩大。一旦发现该类故障,应立即停机检修。

④ 电动机检修过程中(如重绕电动机定子绕组),由于弄错相头相尾,造成一相接反会导致形成极不均匀旋转磁场,造成该相电流很大,同时出现启动困难,响声很大的异常现象。

⑤ 笼式电动机如果运行中三相电流表指针做周期性摆动,尤其对频繁启停或正反转的电动机,应考虑笼式转子断条的可能。

我们应该牢固掌握电动机故障电流的检测方法和故障原因的分析方法。

学习活动二 施工前的准备

学习目标

1. 能够正确描述钳形电流表的功能。
2. 能够正确描述钳形电流表的基本结构。
3. 能够正确使用钳形电流表测量交流电流并正确读数。
建议课时:2 课时

学习过程

一、认识钳形电流表

钳形电流表是一种便携式仪表，主要能在不断电的情况下测量交流电流，根据其结构及用途分为互感器式和电磁式两种。常用的是互感器式钳形电流表，由电流互感器和整流系仪表组成，它只能测量交流电流。电磁式电流表可动部分的偏转与电流的极性无关，因此，电磁式钳形电流表既可测量交流电流也可测量直流电流。

常用钳形电流表有指针式钳形电流表和数字式钳形电流表，见图 4-1。指针式钳形电流表测量的准确度较低，通常为 2.5 级或 5 级，数字式钳形电流表测量的精度较高。钳形电流表用外接表笔和挡位转换开关相配合，还具有测量交流电压、电阻或其他参数的功能。我们将通过正确使用互感器式钳形电流表（指针式钳形电流表），完成三相异步电动机运行电流检测的工作任务。

任务四-学习活动二-部分参考答案

图 4-1　常用钳形电流表

一般钳形电流表主要由＿＿＿＿＿＿＿、＿＿＿＿＿＿＿＿＿、＿＿＿＿＿＿＿和＿＿＿＿＿＿＿等组成。

二、钳形电流表的工作原理（选学）

钳形电流表是基于电流互感器工作原理工作的，结构原理示意图如图 4-2 所示。当握紧钳形电流表的把手时，铁芯张开，将通有被测电流的导线放入钳口中。松开把手后铁芯闭合，被测载流导线相当于电流互感器的一次绕组，绕在钳形表铁芯上的线圈相当于电流互感器的二次绕组。于是二次绕组便感应出电流，送入整流系电流表，使指针偏转，指示出被测电流值。

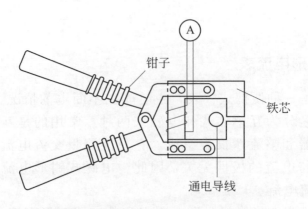

图 4-2　钳形电流表结构原理示意图

三、钳形电流表的使用方法

① 测量前，应根据被测电流的种类、线路的电压，选择合适型号的钳形电流表，检查外观良好并进行机械调零。

② 检查钳口表面，应清洁无油污、杂物、锈斑。钳口开合自如，闭合时应紧密无缝隙。

③ 将挡位旋钮旋转到"A"区域的适当位置，选择合适的挡位（钳形电流表本身精度较低，选择量程时，应尽可能使被测量值达到表头量程的1/2或2/3以上，以减小误差。测量时，如若不知道被测电流的大小，应先选用最大量程试测，再逐步换用适当量程）。按下扳手，打开钳口，将被测载流导线置于钳口内中心垂直位置，并使钳口闭合紧密，以减少误差。测量并读数，如图 4-3(a) 所示。

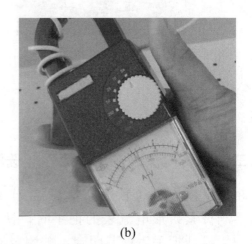

(a)　　　　　　　　　　　　　　(b)

图 4-3　钳形电流表的使用

④ 当使用最小量程测量，其读数还不明显时，可将被测载流导线缠绕若干圈后再重新测量，实际导线电流＝钳形表读数÷放进钳口中央的匝数，如图 4-3（b）所示。

⑤ 测量完毕，将钳形电流表量程挡位转换开关置于交流电压或交流电流最大挡。

四、钳形电流表的使用注意事项

① 钳形电流表一般主要用于低压系统的电流测量，测量时要戴绝缘手套，穿绝缘靴。

② 被测线路的电压＿＿＿＿ 钳形表规定的电压，以防钳形电流表绝缘击穿，导致人身触电。

③ 测量前应估测被测电流的大小，严禁用小量程测量大电流，未知电流从电流挡＿＿＿＿＿ 开始试测。测量过程中不能＿＿＿＿＿＿切换量程，应先打开钳口撤出通电导线后再转换量程挡位，以免造成二次瞬间短路感应出高电压击穿绝缘或发生触电事故。

④ 不能测量裸导线，每次测量只能测量一根导线不允许同时测量两根或多根导线电流。测量时应使被测导线置于钳口＿＿＿＿ 位置，站在绝缘台上，并使钳口紧闭。

⑤ 测量大电流后若要测量小电流，应开合钳口数次以消除铁芯中的剩磁。

⑥ 钳表测量结束后或不用时，应将量程置于＿＿＿＿＿＿＿＿＿＿ 。

五、钳形电流表的使用知识问答

① 钳形电流表主要能在＿＿＿＿＿＿＿＿ 的情况下测量交流电流。

② 常用的是＿＿＿＿＿＿钳形电流表，由＿＿＿＿＿＿＿＿＿ 和 ＿＿＿＿＿＿＿＿＿组成。

③ 钳形电流表的刻度均匀（1～5 之间），在可以调换挡位时应选择换小一挡进行测量，使指针处于＿＿＿＿＿＿＿＿＿＿处，读数比较准确。

④ 被测电流过小时（使用最小量程 5A 时读数依然很小），为了测量得到较准确的读数，可先将被测导线缠绕若干圈，然后将缠绕好的导线套入钳口中央进行测量再读数。则导线的实际电流＝＿＿＿＿＿＿＿＿＿＿÷＿＿＿＿＿＿＿＿＿＿＿＿＿＿＿ 。

✏ **读数练习**

请根据表 4-2 的内容，完成钳形表读数训练（表 4-3～表 4-6）。

表 4-2 钳形电流表的读数方法

表头刻度盘	参考刻度	适合挡位	读数方法
	"1~5"，每小格是 0.2	250A	直读×50
		50A	直读×10
		25A	直读×5
		10A	直读×2
表头刻度盘由上至下第一条刻度线，右手标有"ACA"字符，该刻度线上有一组"1~5"参考标尺		5A	直读

表 4-3 未知大电流的读数训练

挡位	指针位置	匝数	导线电流值
5A	4往右3小格	1	
5A	3往右3小格	1	
25A	3	1	
50A	4往右2格半	1	
10A	4过2格	1	
10A	3	1	

表 4-4 已知大电流的读数训练

已知电流	所选挡位	匝数（钳口中央匝数）	指针位置
30A			
20A			
8.4A			
150A			
4.8A			
15A			

表 4-5 未知小电流的读数训练

挡位	指针位置	匝数	导线电流值
5A	3	5	
5A	3	10	

续表

挡位	指针位置	匝数	导线电流值
5A	4	5	
5A	4	10	
5A	3 往右 3 小格	6	
5A	4 往右 1 小格	6	

表 4-6　已知小电流的读数训练

已知电流	所选挡位	匝数（钳口中央匝数）	指针位置
900mA			
800mA			
600mA			
500mA			
0.7A			
300mA			
200mA			
80mA			

学习活动三　制订工作计划

学习目标

1. 能根据任务要求，结合现场勘察的实际情况，列举所需工具和材料清单。
2. 能根据勘察施工现场的结果，制订小组工作计划。

建议课时：4 课时

学习过程

查阅相关资料，了解任务实施的基本步骤，根据勘察的实际情况，结合作业施工的安全操作规程合理地进行人员分工、准备工具及材料清单、工序及工期安排、安全防护措施准备等等。

一、人员分工

1. 小组负责人：＿＿＿＿＿＿＿。

2. 小组人员及分工（表 4-7）

表 4-7　小组人员及分工记录

姓名	分工

二、准备工具及材料清单（表 4-8）

表 4-8　工具及材料清单记录

序号	工具或材料名称	单位	数量	备注

三、工序及工期安排（表 4-9）

表 4-9　工序及工期安排记录

序号	工作内容	完成时间	备注

四、安全防护措施

🌀 活动评价

　　以小组为单位，展示本组制订的工作计划。然后在教师点评基础上对工作计划进行修改完善，并根据以下评分标准进行评分。

评价内容	分值	评分		
		自我评价	小组评价	教师评价
计划制订是否有条理	10			
计划是否全面、完善	10			
人员分工是否合理	10			
任务要求是否明确	20			
工具清单是否正确、完整	20			
材料清单是否正确、完整	20			
是否团结协作	10			
合　　计				

学习活动四　现场施工

📖 学习目标

1. 能按照作业规程应用必要的安全防护用品和措施，准备现场工作环境。
2. 能正确使用钳形电流表测量三相异步电动机的工作电流。
3. 作业完毕后能按照电工作业规程清点、整理工具，清理现场，拆除防护措施。

建议课时：2 课时

学习过程

查阅有关资料，学习相关的操作方法，按照以下步骤完成三相异步电动机工作电流检测练习，并回答相关问题。

三相异步电动机工作电流检测步骤：钳形表的选择与检查→安全防护→测量电动机三相工作电流→测后恢复。请按表 4-10 的操作步骤及要点提示进行操作并记录。

表 4-10　三相异步电动机工作电流测试的操作步骤及要点提示

序号	操作步骤及图示	技术要点提示	操作记录及心得体会
1	钳形电流表的选择	根据＿＿＿＿＿＿＿＿ ＿＿＿＿＿＿＿＿＿＿ ＿＿＿＿＿＿＿＿＿＿ ＿＿＿＿＿＿选择钳形电流表	
2	钳形电流表的检查	①外观检查包括： ②钳口检查包括：	
3	安全防护	测量电流对人身最大的伤害是＿＿＿＿＿＿。 防护措施：＿＿＿＿＿ ＿＿＿＿＿＿	
4	正确测量各相电流	根据电动机＿＿＿＿选择合适量程；按下扳手，打开钳口，将被测载流导线置于＿＿＿＿＿＿＿位置，并使钳口闭合紧密，以减少误差。测量、读数并记录	
5	测后恢复	清洁和回收工具、用具，清理现场	

学习活动五　交付验收

📖 学习目标

1. 能根据记录的三相电流值，正确判断电动机运行是否正常并能分析原因。
2. 能正确填写验收单，并交付验收。

建议课时：2 课时

✏️ 学习过程

（1）检测所得三相电流：

电动机 A 相电流＝＿＿＿＿＿＿＿；

电动机 B 相电流＝＿＿＿＿＿＿＿；

电动机 C 相电流＝＿＿＿＿＿＿＿。

计算：三相平均电流＝＿＿＿＿＿＿＿；

　　　三相电流不平衡度＝＿＿＿＿＿＿＿。

请分析判断三相异步电动机运行是否正常？并简要分析原因。

（2）请描述钳形电流表测量三相异步电动机工作电流的使用步骤。

（3）查阅相关学习资料结合相关动手实践，归纳和总结钳形电流表测量电气设备或线路电流时有什么注意事项？

（4）以小组为单位认真填写三相异步电动机工作电流检测考核验收单，并将学习活动一中的设备检测记录单填写完整。

考核验收单

考核项目：三相异步电动机工作电流检测		分值	评分		
			自我评分	小组评分	教师评分
准备工作	工具准备	10			
	穿戴好劳保用品				
钳形电流表的选择与检查	根据被测电流的种类、线路的电压等级，正确选用相符合的钳形电流表	30			
	对所选表计进行外观检查，表面无损伤，指针摆动情况正常，表示清晰，并进行机械调零				
	检查钳口表面应清洁无油污、杂物、锈斑。钳口开合自如，闭合时应紧密无缝隙				
安全防护得当	正确使用安全防护用品	15			
钳形电流表的正确使用	正确使用钳形电流表测量三相电流	30			
	正确读取各相电流并记录				
	正确判断电动机运行是否正常并分析原因				
安全文明生产	遵守安全文明生产规程	15			
	施工完成后认真清理现场				
施工额定用时＿＿＿ 实际用时＿＿＿ 超时扣分＿＿＿					

验收意见	□合格　　　通过考核验收	
	□不合格　　需返回学习练习，延时验收	
	第　　组　　　组长签名：	教师签名：
	评语：	

日期：　　年　　月　　日

【总结与评价】

建议课时：4 课时

以小组为单位，选择演示文稿、展板、海报、录像等形式中的一种或几种，向全班展示、汇报学习成果，并完成评价单的填写。

评价单

评价类别	项　目	子项目	自我评价	组内互评	教师评价
专业能力 （60分）	资讯（10分）	收集信息			
		引导问题回答			
	计划（5分）	计划可执行度			
		材料工具安排			
	实施（20分）	操作规范			
		功能实现			
		"6S"质量管理			
		安全用电			
		创意和拓展性			
	检查（10分）	全面性、准确性			
		故障的排除			
	过程（5分）	使用工具规范性			
		操作过程规范性			
		工具和仪表使用管理			
	检查（10分）	结果质量			
社会能力 （20分）	团结协作（10分）	小组成员合作良好			
		对小组的贡献			
	敬业精神（10分）	学习纪律性			
		爱岗敬业、吃苦耐劳精神			
方法能力 （20分）	计划能力（10分）				
	决策能力（10分）				
评价评语	班级		姓名		学号		总评	
	教师签名		第　　组	组长签名		日期	
	评语：						

课题任务教学意见反馈表

我喜欢的:☺
我不喜欢的:☹
我不理解的:⑦
我的建议:★
学到的最重要的课程:

填表日期: 年 月 日

📑 **学习总结:**

能力拓展　用钳形电流表测量线路电流

根据所学知识，完成表 4-11。

表 4-11　线路电流测量记录

序号	图片说明	所选挡位	导线缠绕匝数	所测电流值
1	测量未知导线电流 			
2	测量照明线路（额定小电流）的电流 			

任务五

楼梯双控灯安装

📖 任务目标

1. 能根据工作任务单，明确工时、工作内容、工艺要求等。
2. 能利用各种信息查阅建筑电气照明装置施工与验收规范。
3. 能识别导线、开关、灯等电工材料，能读懂电路原理图，准确描述电路各部分的功能和连接关系。
4. 通过勘察施工现场，准确描述现场特征，正确绘制施工图。
5. 能根据任务要求和施工图纸，列举所需工具和材料清单，制订工作计划。
6. 能按照作业规程应用必要的标识和隔离措施，准备现场工作环境。
7. 能按图纸、工艺要求、安全规程要求进行施工。
8. 施工后，能按要求对线路进行检查和调试。
9. 作业完毕后能按电工作业规程清点整理工具，收集剩余材料，清理工程垃圾，拆除防护措施。

建议课时：28 课时

⚙ 学习情境描述

新建学徒制大楼的楼梯未安装照明灯，学校安排电气班安装照明电路。为节约能源、方便使用，要求在楼梯上下均可控制照明灯的开闭，具体的实现方式为：采用两个单刀双掷开关控制一盏灯，能进行漏电保护、短路保护，能计量电能。敷设电路的施工方式采用槽板敷设。通电检查其使用性能，请按要求尽快完成相关工作。

➡ 学习流程与活动

1. 明确工作任务并收集信息。
2. 施工前的准备。
3. 制订工作计划。
4. 现场施工。
5. 交付验收。
6. 总结与评价。

学习活动一　明确工作任务并收集信息

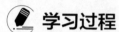 **学习目标**

1. 能通过阅读工作任务联系单，明确工作内容、工时等要求。
2. 能正确识读电气原理图。
3. 能绘制出现场施工图。
建议课时：**6 课时**

学习过程

一、阅读工作任务联系单

阅读工作任务联系单（表 5-1），说出本次任务的工作内容、时间要求等基本信息，并根据实际情况补充完整。

表 5-1　工作任务联系单

编号：　　　　　　　　　　　　　　　　　　　　　　　　　　　年　　月　　日

报修项目	报修部门	后勤科	报修人	李四	联系电话	2515010
	报修事项:对学徒制大楼进行楼梯间照明灯安装。符合《建筑照明设计标准》(GB 50034—2013),为我校做好节能减排工作。要求 3 天内完成					
	报修时间	10:00	要求完成时间	16:00	派单人	张三
维修项目	接单人		维修开始时间		维修完成时间	
	维修地点	学徒制大楼		维修人员签字		
	维修结果			班组长签字		
验收项目	维修人员工作态度是否端正:是□　　否□ 本次维修是否已解决问题:是□　　否□ 是否按时完成:是□　　否□ 客户评价:非常满意□　　基本满意□　　不满意□ 客户意见或建议: 客户签字:					

二、识读电气原理图

（1）楼梯双控灯线路的原理图如图 5-1 所示。这一电路中的开关具有什么特点？

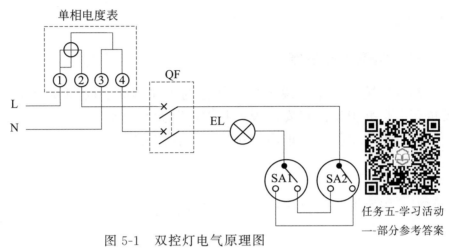

图 5-1　双控灯电气原理图

图 5-1 中的开关称为单刀双掷开关（实物见下图），查阅相关资料，说明其功能，并画出其图形符号。

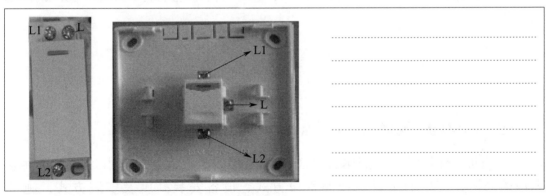

（2）观察电路图中两个开关的连接关系，讨论开关处于不同的位置时，灯泡的亮、灭情况。

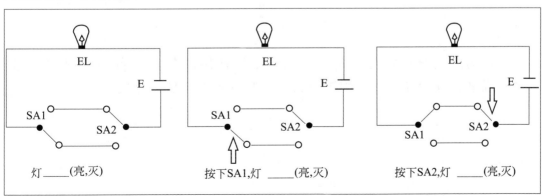

（3）结合生活中的应用，请小组讨论这样的控制方式具有什么优点？还有哪些地方也可以采取这种控制方式？

三、明确工作任务

阅读安装任务单，说出本次任务的工作内容、时间要求及交接工作的相关负责人，并根据勘察安装现场基本情况做好记录。

（1）填完工作任务单后你对此工作有信心吗？

（2）看到此项目描述后你应如何组织实施计划？

（3）你认为工程项目现场环境、管理应如何才能有序地、保质保量地完成任务？

四、勘察施工现场，记录要点，并绘制出施工图

（1）勘察现场时，按照本任务工作的内容和要求，记录要点信息，如供电电源的来源、使用的工具、线路敷设方式、设备安装高度及安装方式、施工注意事项等。

（2）列出主要材料及设备表。工程中所使用的各种设备和材料的名称、型号、规格、数量等，它是购置设备、材料计划的重要依据之一。

（3）根据施工现场的勘察结果，绘制出现场施工图，表明元件之间的连接情况以及它们的规格、型号、参数等。

（4）如果让你负责，你会怎样组织完成这项工作？具体应考虑哪些问题？

学习活动二　施工前的准备

学习目标

1. 能根据勘察结果和施工图纸，列举所需工具和材料清单。
2. 能根据勘察施工现场的结果，制订工作计划。
3. 能正确选择和使用常用电工工具。
4. 能正确使用万用表、冲击钻、兆欧表、梯子等工具。

建议课时：4 课时

学习过程

一、准备材料、工具及防护用品

本次工作任务要求采用槽板布线。槽板线路在日常生活和生产中十分常见，图 5-2 就是塑料槽板的应用示例。塑料槽板安装维修方便、具有多种规格、成本较低，适用的范围较广泛，经常用于工程改造线路。查阅资料可依据 GB 50300—2013《建筑工程施工质量验收统一标准》、GB 50303—2015《建筑电气工程施工质量验收规范》两个标准。

（一）材料要求

① 塑料线槽：由槽底、槽盖及附件组成，它是由难燃型硬聚氯乙烯工程塑料挤压成型的，严禁使用非难燃型材料加工。选用塑料线槽时，应根据设计要求选择型号、规格相应的定型产品。其敷设场所的环境温度不得低于 −15℃，其氧指数不应低于 27%。线槽内外应光滑无棱刺，不应有扭曲、翘边等变形现象，并有产品合格证。

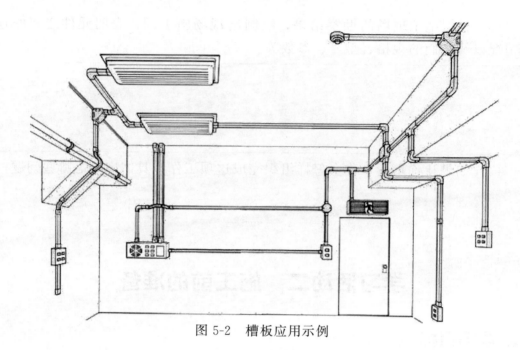

图 5-2　槽板应用示例

② 绝缘导线：导线的型号、规格必须符合设计要求，关于线槽内敷设导线的线芯最小允许截面，铜导线为 $1.5mm^2$，铝导线为 $2.5mm^2$。

③ 螺旋接线钮：应根据导线截面和导线根数，选择相应型号的加强型绝缘钢壳螺旋接线钮。

④ 接线端子（接线鼻子）：选用时应根据导线的根数和总截面，选用相应规格的接线端子。

⑤ 塑料胀管：选用时，其规格应与被紧固的电气器具荷重相对应，并选择相同型号的圆头机螺栓与垫圈配合使用。

（二）主要工具

1. 验电器

常用验电器见图 5-3。它是用来判断电气设备或线路上有无电源存在的器具，分为低压和高压两种。

低压验电器（图 5-4）的使用方法：

① 必须按照图 5-5 所示方法握妥笔身，并使氖管小窗背光朝向自己，以便于观察。

② 为防止笔尖金属体触及人手，在螺钉旋具试验电笔的金属杆上，必须套上绝缘套管，仅留出刀口部分供测试需要。

③ 验电笔不能受潮，不能随意拆装或受到严重振动。

④ 应经常在带电体上试测，以检查是否完好。不可靠的验电笔不准使用。

⑤ 检查时如果氖管内的金属丝单根发光，则是直流电；如果是两根都发光，则是交流电。

图 5-3　常用验电器

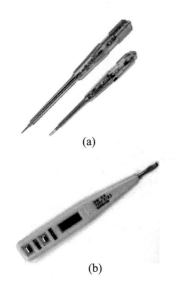

(a)

(b)

图 5-4　低压验电器

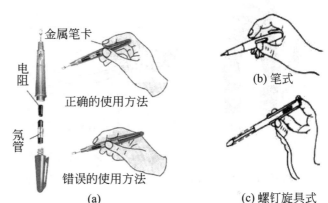

金属笔卡

电阻

正确的使用方法

氖管

错误的使用方法

(a)

(b) 笔式

(c) 螺钉旋具式

图 5-5　低压验电器使用方法

高压验电器（图 5-6）的使用方法：

① 使用时应两人配合，其中一人操作，另一个人进行监护。

② 在户外时，必须在晴天的情况下使用。

③ 进行验电操作的人员要戴上符合要求的绝缘手套，并且握法要正确，如图 5-7 所示。

④ 使用前应在带电体上试测，以检查是否完好。不可靠的验电器不准使用。高压验电器应每六个月进行一次耐压试验，以确保安全。

2. 钢丝钳

钢丝钳（图 5-8）各部分的作用：

① 钳口：用来弯绞或钳夹导线线头。

② 齿口：用来紧固或起松螺母。

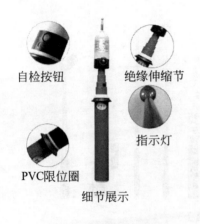

图 5-6 高压验电器

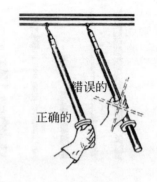

图 5-7 高压验电器使用方法

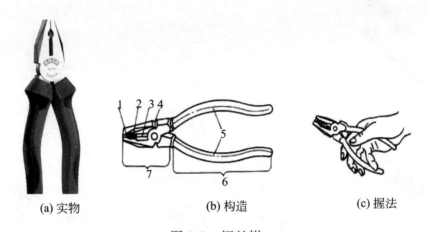

(a) 实物　　　　　　(b) 构造　　　　　　(c) 握法

图 5-8 钢丝钳

1—钳口；2—齿口；3—刀口；4—铡口；5—绝缘管；6—钳柄；7—钳头

③ 刀口：用来剪切导线或剖切软导线的绝缘层。

④ 铡口：用来铡切钢丝和铅丝等较硬金属线材。

⑤ 钳柄上必须套有绝缘管。使用时的握法如图 5-8(b) 所示。

⑥ 钳头的轴销上应经常加机油润滑。

3. 电工刀

电工刀[图 5-9(a)]是用来切割或剖削的常用电工工具。电工刀的使用方法
[图 5-9(b)]：

① 使用时刀口应朝外进行操作。用完后应随即把刀身折入刀柄内。

② 电工刀的刀柄结构是没有绝缘的，不能在带电体上使用电工刀进行操作，避免触电。

③ 电工刀的刀口应在单面上磨出呈圆弧状的刀口。在剖削绝缘导线的绝缘层时，必须使圆弧状刀面贴在导线上进行切割，这样刀口就不易损伤线芯。

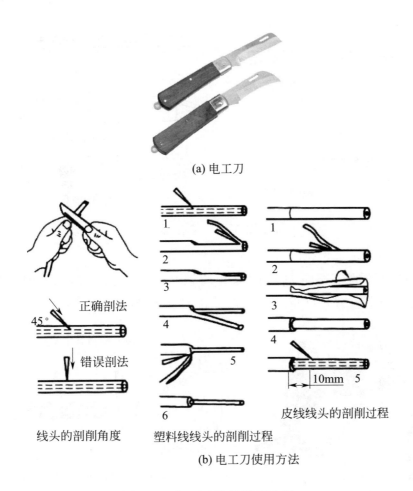

(a) 电工刀

正确剖法

45°

错误剖法

线头的剖削角度　　　塑料线线头的剖削过程

1
2
3
4
5
6

1
2
3
4
10mm　5

皮线线头的剖削过程

(b) 电工刀使用方法

图 5-9　电工刀及其使用方法

4. 墙孔錾

墙孔錾（图 5-10）有圆榫錾、小扁錾、大扁錾和长錾四种。

① 圆榫錾：见图 5-10（a），用来錾打混凝土结构的木榫孔。

② 小扁錾：见图 5-10（b），用来錾打砖墙上的木榫孔。

③ 大扁錾：见图 5-10（c），用来錾打角钢支架和撑架等的埋没孔穴。

④ 长錾：图 5-10（d）为圆钢长錾，用来錾打混凝土墙上的通孔；图 5-10（e）为钢管长錾，用来錾打砖墙上的通孔。

在使用墙孔錾时，要不断转动錾身，并经常拔离建筑面，使孔内灰沙、石屑及时排出，避免錾身堵塞在建筑物内。

5. 冲击钻

它是一种电动工具，可以作"电钻"，也可作"电锤"使用。使用时只需要调至相应的挡位即可。

冲击钻使用注意事项：

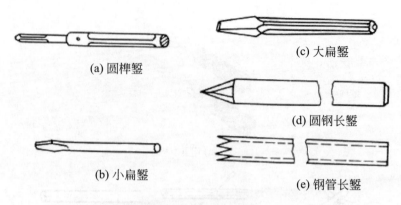

(a) 圆榫錾

(c) 大扁錾

(d) 圆钢长錾

(b) 小扁錾

(e) 钢管长錾

图 5-10　墙孔錾

① 应在停转的情况下进行调速和调挡（"冲"或"锤"）时。钻打墙孔时，应按孔径选配专用的冲击钻头，冲击钻头见图 5-11(c)。

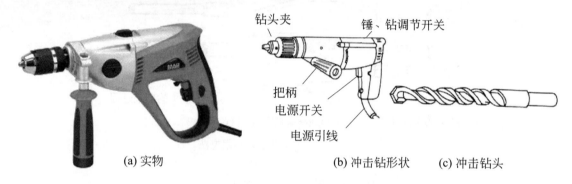

钻头夹　　锤、钻调节开关

把柄
电源开关

电源引线

(a) 实物　　　　　　　　(b) 冲击钻形状　　(c) 冲击钻头

图 5-11　冲击钻

② 钻打过程中，为了及时将土屑排除，应经常把钻头拔出。在钢筋建筑物上冲孔时，遇到坚硬物不应施加过大压力，避免钻头退火。

6. 紧线器

紧线器是用来收紧户内外绝缘子线路和户外架空线路的导线，如图 5-12 所示。

紧线器使用注意事项：

使用时定位钩必须钩住架线支架或横担，夹线钳头夹住需收紧导线的端部，然后扳动手柄，逐步收紧。

7. 剥线钳

它的作用是用来剥离 $6mm^2$ 以下的塑料或橡胶电线的绝缘层。钳头上有多个大小不同的切口，以适用于不同规格的导线，如图 5-13 所示。使用时导线必须放在稍大于线芯直径的切口上切剥，以免损伤线芯。

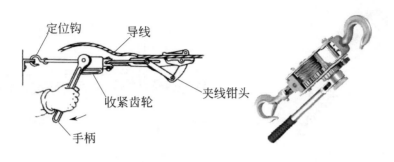

图 5-12　紧线器

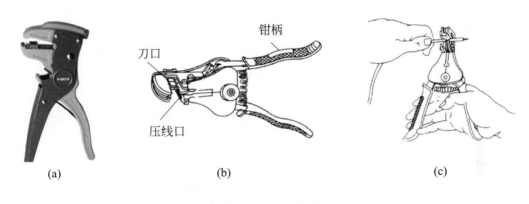

(a)　　　　　　　　(b)　　　　　　　　(c)

图 5-13　剥线钳

剥线钳使用方法：

将电线置于刀刃和钳头之间，然后将电线夹紧在前面的刀刃中，参考厘米刻度调节定位去皮的长度（可随意调节）。对于厚的绝缘皮顺时针旋转控制刀刃力度的旋钮，薄的逆时针旋转，将其调节到最佳位置，压紧手柄，绝缘皮被剪断而不损坏电线，同时刀片滑动移开绝缘皮。

8. 管子钳

管子钳是用来拧紧或拧松电线管上的束节或管螺母的，如图 5-14 所示，使用方法与活动扳手相同。

管子钳的使用方法：

① 调节钳口适当间距以适应管子口径，保证钳口能卡住管子。

② 一般左手扶按在钳口头部，要稍作用力，右手尽量按在管钳柄的尾端，使力矩长些。

③ 右手用力往下按，使管件拧紧（松）。

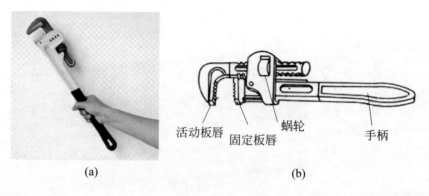

(a)   (b)

活动板唇　固定板唇　蜗轮　手柄

图 5-14　管子钳

9. 蹬板

　　蹬板又叫踏板，用来攀登电杆，如图 5-15 所示。绳的长度一般应保持一人一手长。蹬板和绳均应能承受 300kg 以上的重量，每半年要进行一次载荷试验。要采取正确的站立姿势，才能保持平稳。

　　也可采用脚扣来攀登电杆，攀登速度较快，登杆方法简单，但作业时不如蹬板灵活舒适，易于疲劳，适用于杆上短时间作业。

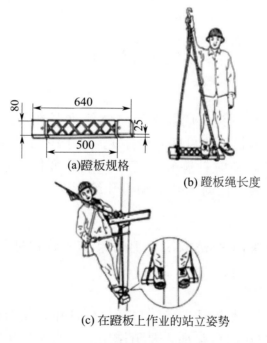

(a)蹬板规格

(b) 蹬板绳长度

(c) 在蹬板上作业的站立姿势

图 5-15　踏板

10. 顶拔器

　　顶拔器俗称拉具，分为双爪和三爪两种，是拆卸带轮和轴承等的专用工具。顶拔器形状和使用方法见图 5-16。使用时，各爪与中心丝杆应保持等距离。

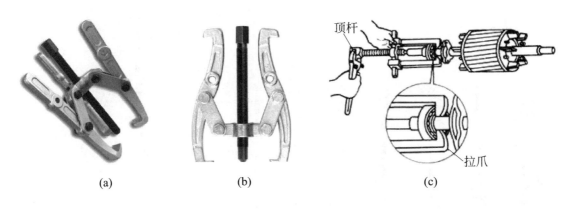

图 5-16　顶拔器

11. 套筒扳手

套筒扳手（图 5-17）用来拧紧或拧松沉孔螺母，或在无法使用活动扳手的地方使用。由套筒和手柄两部分组成，由多个带六角孔或十二角孔的套筒组成并配有手柄、接杆等多种附件，套筒的选用应适合螺母的大小。

它特别适用于拧转空间十分狭小或凹陷很深的螺栓或螺母。当螺母端或螺栓端完全低于被连接面，且凹孔的直径不能用开口扳手或活动扳手及梅花扳手时，就用套筒扳手。另外就是螺栓件受空间限制，也只能用套筒扳手。

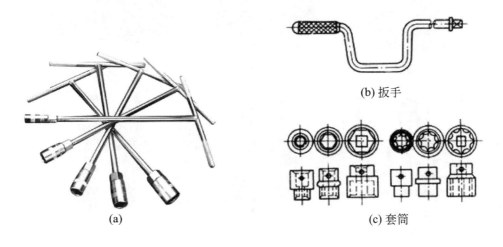

图 5-17　套筒扳手

12. 滑轮

滑轮（图 5-18）俗称葫芦，专用于起吊较重的设备。在起重过程中，如需随时定位，或为防止在起吊时设备翻滚，应采用组合滑轮。

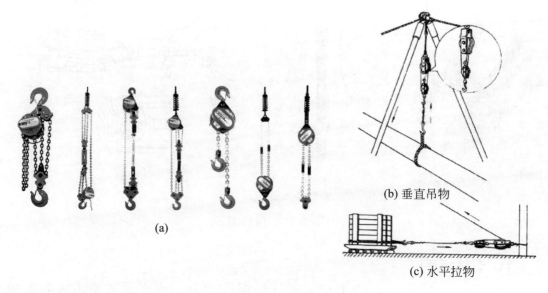

(a)

(b) 垂直吊物

(c) 水平拉物

图 5-18　滑轮

（三）防护用品

常用防护用品如图 5-19 所示。

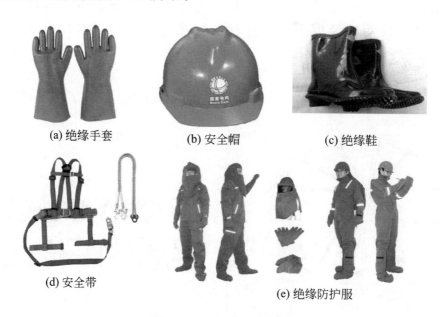

(a) 绝缘手套　　　(b) 安全帽　　　(c) 绝缘鞋

(d) 安全带

(e) 绝缘防护服

图 5-19　常用防护用品

二、工艺流程

弹线定位→线槽固定→线槽连接→槽内放线→导线连接→线路检查、绝缘摇测。

1. 弹线定位

（1）弹线定位相关规定　线槽配线在穿过楼板或墙壁时，应用保护管，而且穿楼板处必须用钢管保护，其保护高度距地面不应低于 1.8m，装设开关的地方可引至开关的位置。

（2）弹线定位方法　按设计图确定进户线、盒、箱等电气器具固定点的位置，从始端至终端（先干线后支线）找好水平或垂直线，用粉线袋在线路中心弹线，分均挡，用笔画出加挡位置后，再细查木砖是否齐全，位置是否正确，否则应及时补齐。然后在固定点位置进行钻孔，埋入塑料胀管或伞形螺栓。弹线时不应弄脏建筑物表面。

2. 线槽固定

混凝土墙、砖墙可采用塑料胀管固定塑料线槽。根据胀管直径和长度选择钻头，在标出的固定点位置上钻孔，不应歪斜、豁口，应垂直钻好孔后，将孔内残存的杂物清理干净，用木锤把塑料胀管垂直敲入孔中，并与建筑物表面平齐，再用石膏将缝隙填实抹平。用半圆头木螺钉加垫圈将线槽底板固定在塑料胀管上，紧贴建筑物表面。应先固定两端，再固定中间，同时找正线槽底板，要横平竖直，并沿建筑物形状表面进行敷设。木螺钉规格尺寸见表 5-2。

表 5-2　木螺钉规格尺寸　　　　　　　　　　　　　　mm

标号	公称直径 d	螺杆直径 d	螺杆长度 l
7	4	3.81	12～70
8	4	4.7	12～70
9	4.5	4.52	16～85
10	5	4.88	18～100
12	5	5.59	18～100
14	6	6.30	25～100
16	6	7.01	25～100
18	8	7.72	40～100
20	8	8.43	40～100
24	10	9.86	70～120

3. 线槽连接

线槽及附件连接处应严密平整，无缝隙，紧贴建筑物，固定点最大间距尺寸见表 5-3。

线槽分支接头，线槽附件如直角、三能转角、接头、插口、盒、箱应采用相同材质的定型产品。槽底、槽盖与各种附件相对接时，接缝处应严实平整，固定牢固，如图 5-20 所示。

表 5-3　槽体固定点最大间距尺寸

固定点型式	槽板宽度/mm		
	20~40	60	80~120
	固定点最大间距/mm		
中心单列	80	—	—
双列	—	1000	—
双列	—	—	800

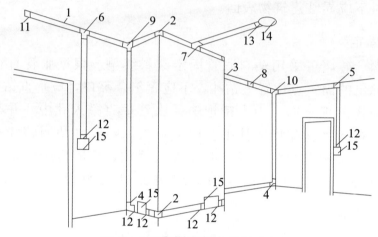

图 5-20　塑料线槽安装示意图

1—塑料线槽；2—阳角；3—阴角；4—直转角；5—平转角；6—平三通；7—顶三通；
8—连接头；9—右三角；10—左三通；11—终端头；12—接线盒插口；
13—灯头盒插口；14—灯头盒；15—接线盒

线槽各种附件安装要求：

① 盒子均应两点固定，各种附件角、转角、三通等固定点不应少于两点（卡装式除外）。

② 接线盒、灯头盒应采用相应插口连接。

③ 线槽的终端应采用终端头封堵。

④ 在线路分支接头处应采用相应接线箱。

⑤ 安装铝盒合金装饰板时，应牢固、平整、严实。

4. 槽内放线

① 清扫线槽。放线时，先用布清除槽内的污物，使线槽内外清洁。

② 放线。先将导线放开抻直，捋顺后盘成大圈，置于放线架上，从始端到终端（先干线后支线）边放边整理，导线应顺直，不得有挤压、背扣、扭线和受损等现象。绑扎导线时应采用尼龙绑扎带，不允许采用金属丝进行绑扎。在接线盒处的导线预留长度不应超过 150mm。线槽内不允许出现接头，导线

接头应放在接线盒内。从室外引进室内的导线在进入墙内一段用橡胶绝缘导线，同时穿墙保护管的外侧应有防水措施。

5. 导线连接

导线连接应使连接处的接触电阻值最小，机械强度不降低，并其原有的绝缘强度。连接时，应正确区分相线、中性线、保护地线。可采用绝缘导线的颜色区分，或使用仪表测试对号，检查正确方可连接。

（1）绞合连接　绞合连接是指将需连接导线的芯线直接紧密绞合在一起。铜导线常用绞合连接。

① 单股铜导线的直接连接

a. 小截面单股铜导线连接方法如图 5-21 所示，先将两导线的芯线线头作 X 形交叉，再将它们相互缠绕 2～3 圈后扳直两线头，然后将每个线头在另一芯线上紧贴密绕 5～6 圈后剪去多余线头即可。

b. 大截面单股铜导线连接方法如图 5-22 所示，先在两导线的芯线重叠处填入一根相同直径的芯线，再用一根截面约 1.5mm^2 的裸铜线在其上紧密缠绕，缠绕长度为导线直径的 10 倍左右，然后将被连接导线的芯线线头分别折回，再将两端的缠绕裸铜线继续缠绕 5～6 圈后剪去多余线头即可。

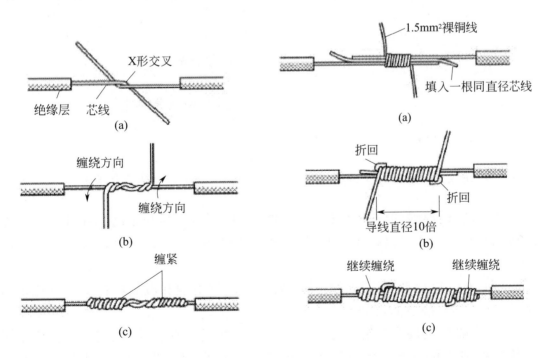

图 5-21　小截面单股铜导线的直接连接　　图 5-22　大截面单股铜导线的直接连接

② 单股铜导线的分支连接　单股铜导线的丁字分支连接如图 5-23 所示，将支路芯线的线头紧密缠绕在干路芯线上 5 ～8 圈后剪去多余线头即可。对于

较小截面的芯线，可先将支路芯线的线头在干路芯线上打一个环绕结，再紧密缠绕 5 ～8 圈后剪去多余线头即可。

③ 多股铜导线的直接连接　多股铜导线的直接连接如图 5-24 所示，首先将剥去绝缘层的多股芯线拉直，将其靠近绝缘层的约 1/3 芯线绞合拧紧，而将其余 2/3 芯线成伞状散开，另一根需连接的导线芯线也如此处理。接着将两伞状芯线相对着互相插入后捏平芯线，然后将每一边的芯线线头分作 3 组，先将某一边的第 1 组线头翘起并紧密缠绕在芯线上，再将第 2 组线头翘起并紧密缠绕在芯线上，最后将第 3 组线头翘起并紧密缠绕在芯线上。以同样方法缠绕另一边的线头。

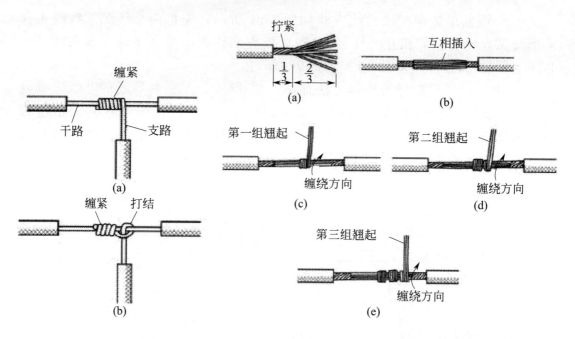

图 5-23　单股铜导线的丁字分支连接　　　　图 5-24　多股铜导线的直接连接

④ 多股铜导线的分支连接　将支路芯线 90°折弯后与干路芯线并行，如图 5-25（a）所示，然后将线头折回并紧密缠绕在芯线上即可，如图 5-25（b）所示。

（2）绝缘包扎带　绝缘包扎带主要用于包缠电线和电缆的接头。常用的有黑胶布带、聚氯乙烯带两种。

① 一般导线接头的绝缘处理　一字形连接的导线接头可按图 5-26 所示进行绝缘处理。先包缠一层黄蜡带，再包缠一层黑胶布带。将黄蜡带从接头左边绝缘完好的绝缘层上开始包缠，包缠两圈后进入剥除了绝缘层的芯线部分，见图 5-26（a）。包缠时，黄蜡带应与导线成 55°左右倾斜角，每圈压叠带宽的 1/2，见图 5-26（b），直至包缠到接头右边两圈距离的完好绝缘层处。然后将

黑胶布带接在黄蜡带的尾端，按另一斜叠方向从右向左包缠见图 5-26(c)、(d)，仍每圈压叠带宽的 1/2，直至将黄蜡带完全包缠住。包缠处理中应用力拉紧胶带，注意不可稀疏，更不能露出芯线，以确保绝缘质量和用电安全。对于220V 线路，也可不用黄蜡带，只用黑胶布带或塑料胶带包缠两层。在潮湿场所应使用聚氯乙烯绝缘胶带或涤纶绝缘胶带。

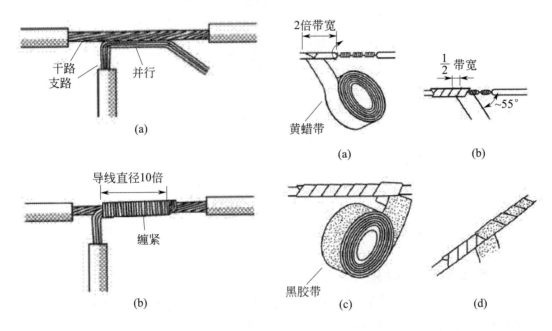

图 5-25 多股铜导线的分支连接　　　图 5-26 一字形连接的导线接头绝缘处理

② 丁字分支接头的绝缘处理　导线分支接头的绝缘处理基本方法同上，丁字分支接头的包缠方向如图 5-27 所示，走一个丁字形的来回，使每根导线上都包缠两层绝缘胶带，每根导线都应包缠到完好绝缘层的 2 倍胶带宽度处。

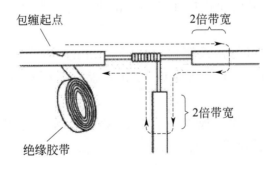

图 5-27 丁字形连接的导线接头绝缘处理

③ 十字分支接头的绝缘处理　对导线的十字分支接头进行绝缘处理时，包缠方向如图 5-28 所示，走一个十字形的来回，使每根导线上都包缠两层绝

缘胶带，每根导线也都应包缠到完好绝缘层的 2 倍胶带宽度处。

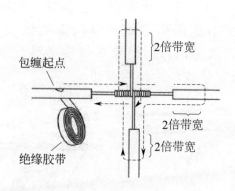

图 5-28　十字形连接的导线接头绝缘处理

6. 线路绝缘摇测

线路绝缘摇测具体方法及步骤可参见任务三相关内容。

三、质量标准及相关注意事项

1. 主控项目质量标准

① 槽板内电线无接头，电线连接设在器具处。槽板与各种器具连接时，电线应留有余量，器具底座应压住槽板端部。

② 槽板敷设应紧贴建筑物表面，且横平竖直、固定可靠，严禁用木楔固定。木槽板应经阻燃处理，塑料槽板表面应有阻燃标识。

2. 一般项目质量标准

① 木槽板无劈裂，塑料槽板无扭曲变形。槽板底板固定点间距应小于500mm，槽板盖板固定点间距应小于 300mm，底板距终端 50mm 和盖板距终端30mm 处应固定。

② 槽板的底板接口与盖板接口应错开 20mm，盖板在直线段和 90°转角处应成 45°斜口对接，T 形分支处应成三角叉接，盖板应无翘角，接口应严密整齐。

③ 槽板穿过梁、墙和楼板处应有保护套管，跨越建筑物变形缝处槽板应设补偿装置，且与槽板结合严密。

3. 成品保护

① 安装塑料线槽配线时，应注意保持墙面整洁。

② 接、焊、包完成后，盒盖、槽盖应全部盖严实平整，不允许有导线外露现象。

③ 塑料线槽配线完成后，不得再次喷浆、刷油，以防止导线和电气器具被污染。

4. 应注意的质量问题

① 线槽内有灰尘和杂物，配线前应先将线槽内的灰尘和杂物清净。

② 线槽底板松动和有翘边现象，胀管或木砖固定不牢、螺钉未拧紧；槽板本身的质量有问题。固定底板时，应先将木砖或胀管固定牢，再将固定螺钉拧紧。线槽应选用合格产品。

③ 线槽盖板接口不严，缝隙过大并有错台。操作时应仔细地将盖板接口对好，避免有错台。

④ 线槽内的导线放置杂乱，配线时，应将导线理顺，绑扎成束。

⑤ 不同电压等级的电路放置在同一线槽内。操作时应按照图纸及规范要求将不同电压等级的线路分开敷设。同一电压等级的导线可放在同一线槽内。

⑥ 线槽内导线截面和根数超出线槽的允许规定。应按要求配线。

⑦ 接、焊、包不符合要求。应按要求及时改正。

5. 质量记录

① 绝缘导线与塑料线槽产品出厂合格证。

② 塑料线槽配线工程安装预检、自检、互检记录。

③ 电气绝缘电阻记录。

学习活动三　制订工作计划

学习目标

1. 能根据任务要求和施工图纸，结合现场勘察的实际情况，制订工作计划。
2. 能按图纸、工艺要求、安全规程要求选择线槽、导线等规格。
3. 会按清单准备工具、材料。

建议课时：4 课时

学习过程

查阅相关资料，了解任务实施的基本步骤，根据勘察的实际情况，结合作业施工的安全操作规程合理地进行人员分工、准备工具及材料清单、工序及工期安排、安全防护措施准备等等。

一、人员分工

1. 小组负责人：＿＿＿＿＿＿＿＿＿＿。
2. 小组人员及分工（表5-4）

表 5-4　小组人员及分工记录

姓名	分工

二、准备工具及材料清单（表5-5）

表 5-5　工具及材料清单记录

序号	工具或材料名称	单位	数量	备注

三、工序及工期安排（表5-6）

表 5-6　工序及工期安排记录

序号	工作内容	完成时间	备注

四、安全防护措施

活动评价

以小组为单位，展示本组制订的工作计划。然后在教师点评基础上对工作计划进行修改完善，并根据以下评分标准进行评分。

评价内容	分值	评分		
		自我评价	小组评价	教师评价
计划制订是否有条理	10			
计划是否全面、完善	10			
人员分工是否合理	10			
任务要求是否明确	20			
工具清单是否正确、完整	20			
材料清单是否正确、完整	20			
是否团结协作	10			
合　计				

学习活动四　现场施工

学习目标

1. 能正确设置工作现场必要的标识和隔离措施。
2. 能按图纸、工艺要求、安全规程要求施工。
3. 施工后能按要求对线路进行检查和调试。
4. 在作业完毕后能按电工作业规程清点、整理工具，收集剩余材料，清理工程垃圾，拆除防护措施。

建议课时：8 学时

学习过程

一、低压器件的检测

本课任务会用到以下器件，请根据表 5-7 学习典型器件的原理、作用及简易检测方法。

表 5-7　典型器件的原理、作用及简易检测方法

器件外形及名称	器件的原理及作用	器件简易检测方法
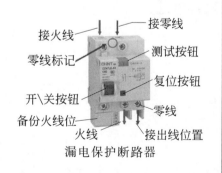 单相电度表	单相电度表是利用电压和电流线圈在铝盘上产生的涡流与交变磁通相互作用产生电磁力，使铝盘转动，同时引入制动力矩，使铝盘转速与负载功率成正比，通过轴向齿轮传动，由计读器计算出转盘转数而测出电能。 电度表信号：D D 8 6 2 - 4 电度表　　单相 单相电度表主要参数：额定电压，220V；额定电流，4A（最大额定电流，6A）；电度表常数，1200r/（kW · h）；频率，50Hz	直观检查：铭牌标志、表壳完好，计读转数色标清晰。 　　将万用表打在 $R \times 100$ 挡，调零，将两表笔接触电度表 1、2 接线柱，阻值小（接近零）则 1、3 是进线端，电能表是跳入式接线，若阻值较大（约 1000Ω），则 1、2 为进线端，电度表是顺入式接线
漏电保护断路器	漏电保护断路器是为了防止低压电网中人身触电或漏电造成火灾等事故而研制的一种新型电器，除了起断路器的作用（手动不频繁地接通和断开电路，起过载、短路、欠压、失压等保护）外，还能在设备漏电或人身触电时迅速断开电路，保护人身和设备的安全，因而使用广泛	①直观检查：铭牌标志、外壳完好。 ②万用表电阻挡测量 L-L′、N-N′ 分别接通和分断开关，检查断路器开关作用是否良好。 ③按下漏电开关测试件，试验漏电跳闸是否正常

续表

器件外形及名称	器件的原理及作用	器件简易检测方法
 带五孔插座的双联开关	按动按钮时会使得一组开关接通,而同时另外一组开关断开。要么 L 和 L1 导通,要么 L 和 L2 导通。L 称为公共端,L1、L2 是控制端。开关必须接在相线(火线)上	①直观检查:外壳完好,观察 L、L1、L2 开关接线端子标识。 ②万用表电阻挡分别测量 L-L1、L-L2 接通和分断状态,检查开关作用是否良好,并识别开关公共端
 螺口灯座	灯座又叫灯头,其作用就是固定灯泡并供给电源。螺口灯座必须把电源中性线(零线)线头连接在通螺纹圈的接线柱上,把来自开关的连接线头连接在通中心簧片的接线柱上	①直观检查:检查外观是否完好。 ②万用表拨至 $R \times 1\Omega$ 挡,检测灯座中心弹簧片与金属螺纹间是否短路
 白炽灯	白炽灯是用耐热玻璃制成泡壳,内装钨丝,泡壳内抽去空气,以免灯丝氧化,或再充入惰性气体(如氩),减少钨丝受热蒸发,将灯丝(钨丝)通电加热到白炽状态,利用热辐射发出可见光的电光源。白炽灯结构简单,适用于一般工矿企业、学校和家庭的普通照明	①直观检查:外观检查,查看钨丝是否有脱落情况。 ②万用表电阻挡测量万用表拨至 $R \times 10\Omega$ 挡,两只表笔分别接触灯泡底部金属和螺纹金属,测量灯泡阻值(几十欧)

二、线路安装

槽板布线的操作步骤和护套线布线有些类似,流程如下:

划线定位——→固定线槽底——→敷设导线、固定盖板——→安装电气元件。

（1）根据任务要求写出 PVC 槽板敷设安装流程。

（2）弹线定位有何工艺要求？

（3）线槽固定有何工艺要求？

（4）线槽连接有何工艺要求？

（5）槽内放线有何工艺要求？

（6）切割线槽要用到手锯，使用中要注意哪些问题？

（7）开关、插座的安装有哪些工艺要求？

（8）插座的安装有哪些安全要求？

（9）简述开关、插座的接线桩（柱）与导线连接操作要领。

（10）安装过程中遇到了什么问题？是如何解决的？在表 5-8 中记录下来。

表 5-8　问题及解决方法记录

所遇问题	解决方法

三、检查与调试

（1）安装完毕后，参考前面任务中的方法进行直观检查和通电前的检查，然后再进行通电调试。线路接通后，观察能否正常工作；如果存在故障，在表 5-9 中记录故障现象，查阅相关资料，按照相应的检修方法进行检修。

表 5-9　故障现象、原因及检修方法记录

故障现象	故障原因	检修方法

（2）小组间交流讨论故障检修的过程，将其他小组中有价值的故障检修经验补充记录在表 5-9 中。

四、清理现场及交验

施工结束后，应进行哪些现场清理工作？

学习活动五　交付验收

学习目标

1. 施工后，能对线路进行安全通电。
2. 能正确填写验收单，并交付验收。

建议课时：2 课时

学习过程

以小组为单位认真填写楼梯双控灯安装的考核验收单，并将学习活动一中的工作任务联系单填写完整。

考核验收单

考核项目:楼梯双控灯安装		分值	评分		
			自我评分	小组评分	教师评分
准备工作	工具准备	10			
	穿戴好劳保用品				
元器件选择与检查	各部位置、尺寸	30			
	接线端子可靠性				
	维修预留长度				
	导线绝缘的损坏				
	牢固程度				
	接线的正确性				
	线槽工艺性				
	美观协调性				
安全技术措施得当	正确检查被测设备确已无电,并做好安全技术措施	15			
利用万用表电气检测	白炽灯支路的电阻	30			
	插座支路的电阻				
安全文明生产	遵守安全文明生产规程	15			
	施工完成后认真清理现场				
施工额定用时____实际用时____超时扣分____					
验收意见	□　合格　　　通过考核验收				
	□　不合格　　需返回学习练习,延时验收				
	第　　组　　　组长签名:	教师签名:			
	评语:				
	日期:　　年　　月　　日				

【总结与评价】

建议课时：4课时

以小组为单位，选择演示文稿、展板、海报、录像等形式中的一种或几种，向全班展示、汇报学习成果，并完成评价单的填写。

评价单

评价类别	项目	子项目	自我评价	组内互评	教师评价
专业能力（60分）	资讯(10分)	收集信息			
		引导问题回答			
	计划(5分)	计划可执行度			
		材料工具安排			
	实施(20分)	操作规范			
		功能实现			
		"6S"质量管理			
		安全用电			
		创意和拓展性			
	检查(10分)	全面性、准确性			
		故障的排除			
	过程(5分)	使用工具规范性			
		操作过程规范性			
		工具和仪表使用管理			
	检查(10分)	结果质量			
社会能力（20分）	团结协作（10分）	小组成员合作良好			
		对小组的贡献			
	敬业精神(10分)	学习纪律性			
		爱岗敬业、吃苦耐劳精神			
方法能力（20分）	计划能力(10分)				
	决策能力(10分)				
评价评语	班级		姓名		学号		总评	
	教师签名		第 组	组长签名		日期	
	评语：					

课题任务教学意见反馈表

我喜欢的:☺
我不喜欢的:☹
我不理解的:⑦
我的建议:★
学到的最重要的内容:

填表日期:　　年　月　日

学习总结:

知识拓展　开关接线图

学习下表中的开关接线图，拓展知识面。

序号	开关接线图
1	一开单控开关 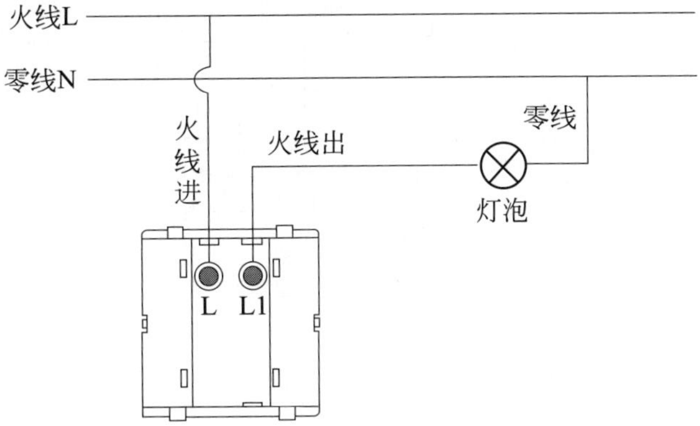 笔记：
2	二/三开连体单控开关 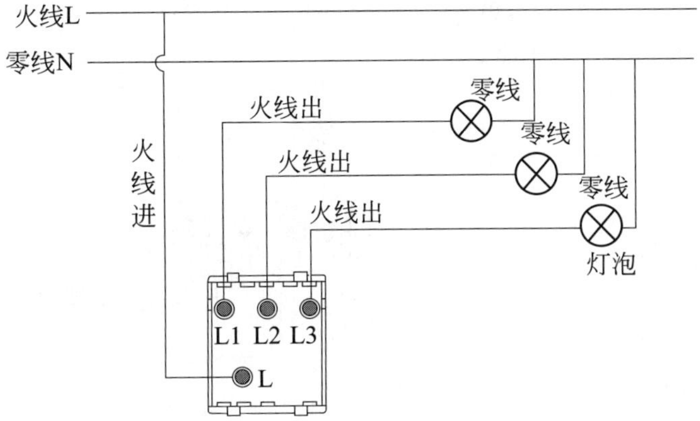 笔记：

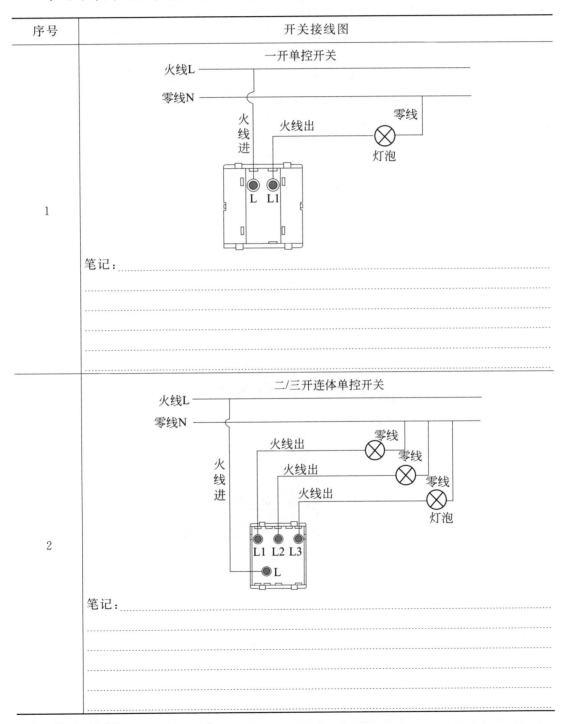

序号	开关接线图
3	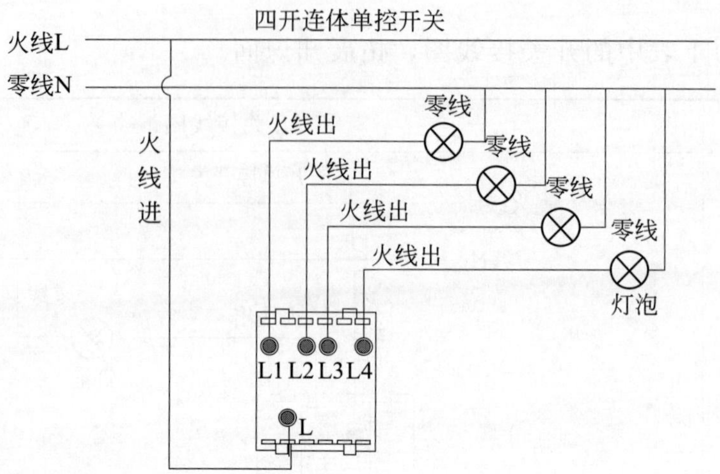 四开连体单控开关 火线L 零线N 火线进 火线出 零线 火线出 零线 火线出 零线 火线出 灯泡 L1 L2 L3 L4 L 笔记：
4	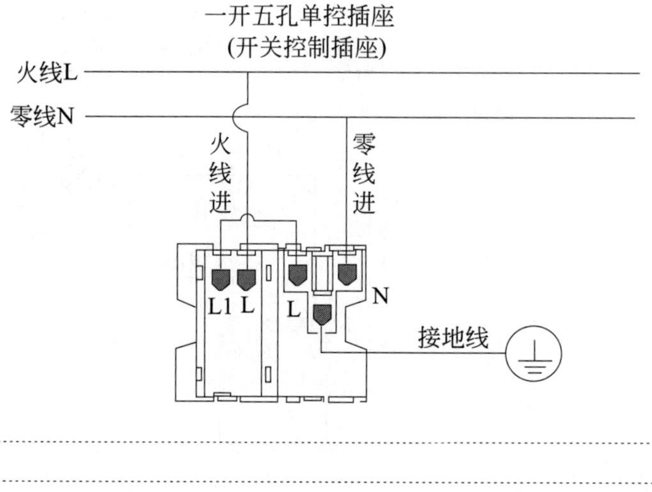 一开五孔单控插座 (开关控制插座) 火线L 零线N 火线进 零线进 L1 L L N 接地线 笔记：

续表

序号	开关接线图
5	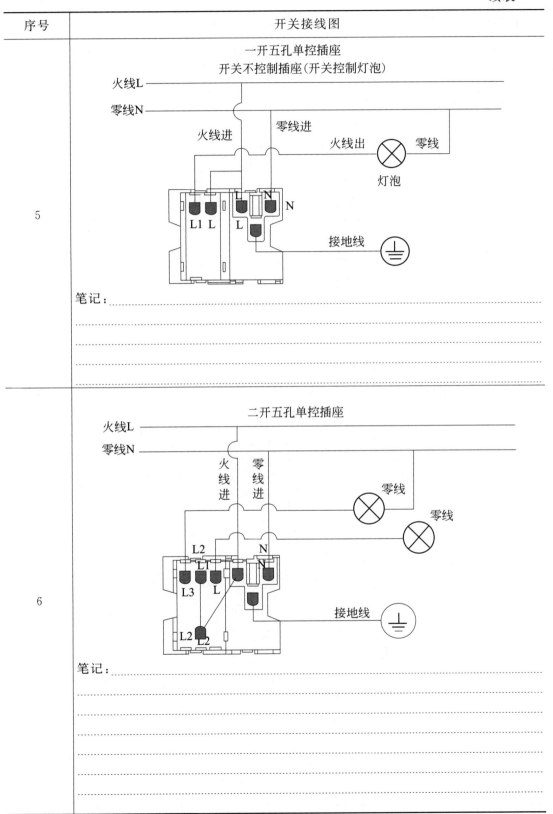

一开五孔单控插座
开关不控制插座(开关控制灯泡)

火线L

零线N

火线进　零线进　火线出　零线

灯泡

L1　L　L　N

接地线

笔记：

二开五孔单控插座

火线L

零线N

火线进　零线进　零线　零线

L2　L1　N

L3　L

L2　L2

接地线

| 6 | |

笔记：

序号	开关接线图
7	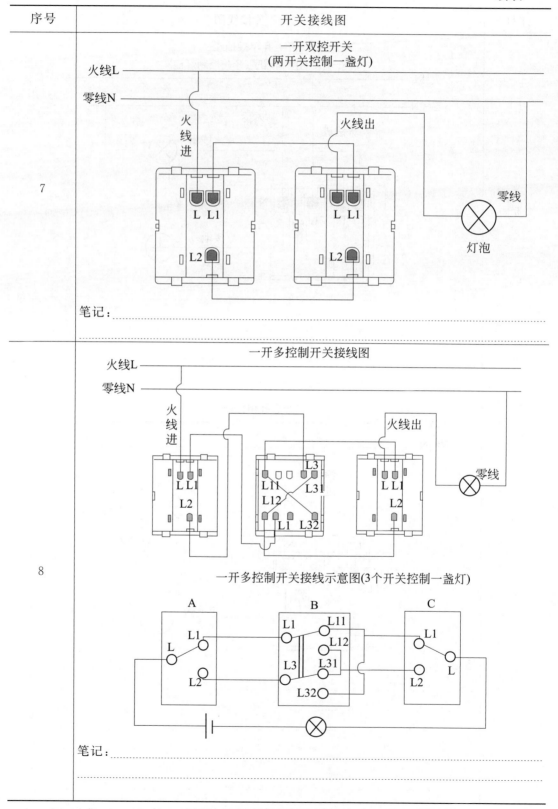
8	

一开双控开关
(两开关控制一盏灯)

火线L

零线N

火线进　　　火线出

L　L1　　　L　L1

L2　　　L2

零线

灯泡

笔记：

一开多控制开关接线图

火线L

零线N

火线进　　　火线出

L　L1　　L11　L3　　L　L1
L2　　L12　L31　L2
　　L1　L32

零线

一开多控制开关接线示意图(3个开关控制一盏灯)

A　　　　　B　　　　　C

L　L1　　L1　L11　　L1
　L2　　　　L12　　　L
　　　　L3　L31　　L2
　　　　　　L32

笔记：

电动机点动与连续正转控制电路安装与检修

任务目标

1. 能通过阅读工作任务联系单和现场勘察，明确工作任务要求。
2. 能正确描述 CA6140 车床控制电路的结构、作用和运动形式，认识相关低压电器的外观、结构、用途、型号、应用场合等。
3. 能正确识读电气原理图，正确绘制安装图、接线图，明确控制器件的动作过程和控制原理。
4. 能按图纸、工艺要求、安全规范等正确安装元器件，完成接线。
5. 能正确使用仪表检测电路安装的正确性，按照安全操作规程完成通电试车。
6. 能正确标注有关控制功能的铭牌标签，施工后能按照管理规定清理施工现场。

建议课时：44 课时

学习情境描述

某校数控实训中心，型号为 CA6140 的车床出现故障影响了实习，学校安排某班对车床控制电路进行检修工作，电气控制部分严重老化，无法正常工作，需进行重新安装，某班接受此任务，要求在规定期限完成安装、调试，并交有关人员验收。

学习流程与活动

1. 明确工作任务并收集信息。
2. 施工前的准备。
3. 制订工作计划。
4. 现场施工。
5. 交付验收。
6. 总结与评价。

学习活动一 明确工作任务并收集信息

学习目标

1. 能通过阅读工作任务联系单，明确工作内容、工时等要求。
2. 能描述 CA6140 型车床的结构、作用、运动形式及各个电气元件所在位置和作用。

建议课时：4 课时

学习过程

一、阅读工作任务联系单

阅读工作任务联系单（表 6-1），说出本次任务的工作内容、时间要求及交接工作的相关负责人等信息，并根据实际情况补充完整。

表 6-1 工作任务联系单

安装项目	点动与连续正转控制电路的安装与检修				
安装时间		制作地点		学校电气实训室	
项目描述					
申报部门	电气系	承办人	张三	开始时间	年　月　日
		联系电话	3862291		
制作单位	电气班	责任人		承接时间	年　月　日
		联系电话			
制作人员				完成时间	年　月　日
验收意见				验收人	
负责人签字		设备科负责人签字			

二、勘察现场，收集信息和材料

翻阅相关资料，查阅 CA6140 车床控制电路的结构、作用和运动形式，并做好记录。

任务六-学习活动
一-部分参考答案

CA6140 车床在正常工作时，一般需要电动机处于连续运转状态，在调整刀具与工件相对位置或试车时，需要电动机点动控制。

三、引导问题

（1）点动控制与连续控制的区别是什么？

（2）点动控制与连续控制实现的思路是什么？

学习活动二　　施工前的准备

学习目标

1. 认识本任务所用低压电器，能描述它们的结构、用途、型号、应用场合。
2. 能准确识读电气元件符号。
3. 能正确识读点动与连续正转电气原理图。
4. 能正确绘制电气布置图和接线图。
5. 能根据任务要求和实际情况，合理制订工作计划。
建议课时：10 课时

✏️ **学习过程**

一、识读电路原理图（图6-1）

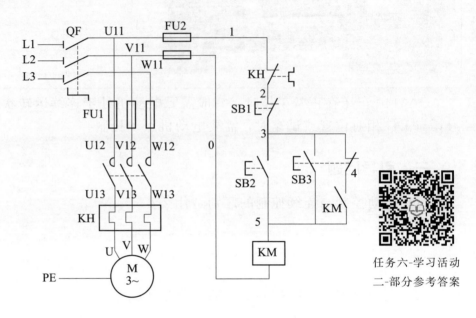

任务六-学习活动
二-部分参考答案

图 6-1　复合按钮控制连续与点动混合正转控制电路原理图

（1）SB1、SB2、SB3 在电路中的作用分别是什么？

....

....

....

（2）描述电动机点动跟连续正转的工作原理。

....

....

....

....

二、识读元器件

本任务所用到的元器件信息见表6-2。

表 6-2　元器件信息

实物照片	名称	文字符号及图形符号	功能与用途
	空气开关又称断路器，也称自动开关，低压断路器	QF	当工作电流超过额定电流、短路、失压等情况下，自动切断电路
	熔断器	FU	熔断器串联在电路中，当电路发生短路或者严重过载时，过大的电流通过熔体，熔体以其自身产生的热量而熔断，从而切断电路，起到保护作用
	端子排	XT	将屏设备和屏外设备的线路连接，起到信号（电流电压）传输的作用
	按钮	动合触头　动断触头 复合触头	按下按钮触头动作（常闭触头断开，常开触头闭合），手动发出控制信号，从而实现远距离控制对象的启动、停止或工作状态的变换

续表

实物照片	名称	文字符号及图形符号	功能与用途
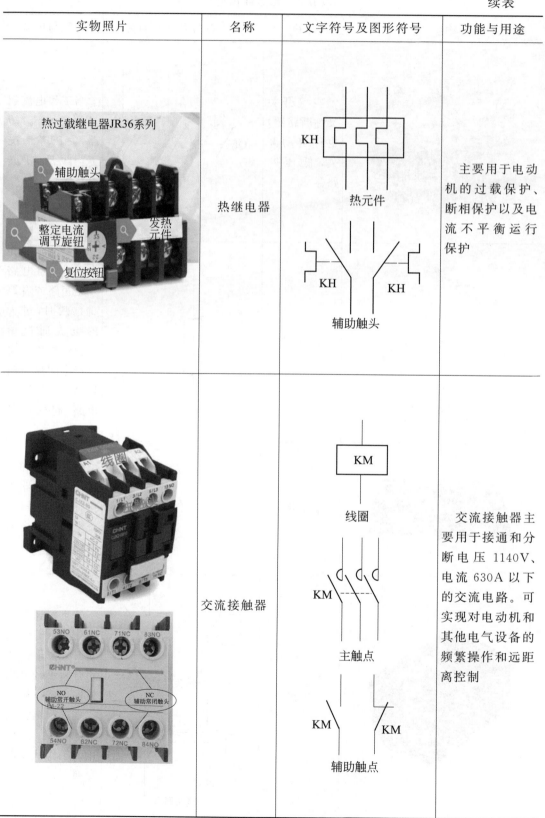	热继电器	KH 热元件 / KH KH 辅助触头	主要用于电动机的过载保护、断相保护以及电流不平衡运行保护
	交流接触器	KM 线圈 / KM 主触点 / KM KM 辅助触点	交流接触器主要用于接通和分断电压 1140V、电流 630A 以下的交流电路。可实现对电动机和其他电气设备的频繁操作和远距离控制

三、查阅资料，回答问题

（1）低压断路器的作用是什么？选用原则是什么？

....

....

....

（2）常用的低压熔断器有多种类型？查阅相关资料，列举常见的类型，并写出使用场合。熔体额定电流的选用原则是什么？

....

....

....

（3）按钮

① 作用：_____或_____控制电路以发出指令，控制接触器、继电器等电气元件。

② 文字符号：_____。

③ 图形符号 { 常闭触头：
　　　　　　常开触头：
　　　　　　复合按钮：

（4）热继电器

① 作用：主要用于电动机的_____、_____和_____保护。

② 热继电器整定电流选择原则：_____。

③ 文字符号：_____。

④ 图形符号 { 热元件：
　　　　　　常闭触头：
　　　　　　常开触头：

（5）交流接触器

① 作用：自动控制电路的_____和_____，有_____保护。

② 文字符号：_____。

③ 图形符号 { 线圈：
　　　　　　主触头：
　　　　　　辅助常开：
　　　　　　辅助常闭：

④ 工作原理分析。给线圈通电：线圈产生的_____吸引动铁芯，导致动、静铁芯吸合，同时带动常闭_____，常开_____。线圈断电：线圈产生

的_____消失，动、静铁芯复位，同时带动常开_____，常闭_____。

（6）观察教师展示的三相笼型异步电动机实物或模型，结合如图 6-2 所示的图片，将各部分结构的名称补充完整。

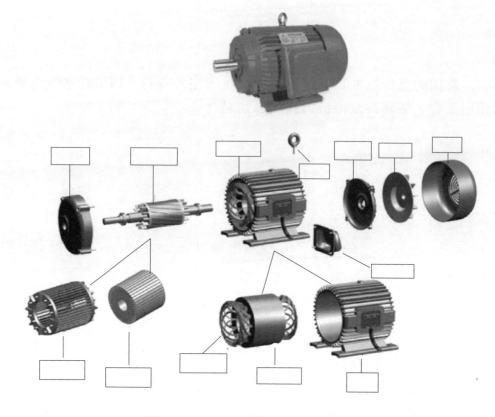

图 6-2　三相笼型异步电动机结构

（7）通过观察电动机实物或模型可以发现，电动机定子绕组的接线通常有星形和三角形两种不同的接法。查阅相关资料，了解两种接法的特点，将图 6-3 所示和图 6-4 所示中的接线补充完整，并回答问题。

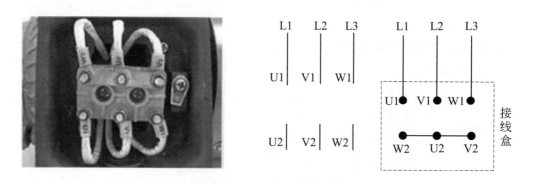

图 6-3　三相异步电动机的绕组星形连接

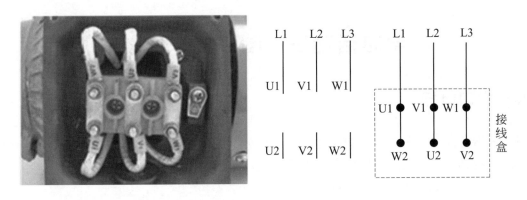

图 6-4　三相异步电动机的绕组三角形连接

图 6-3 为定子绕组的星形接法，此时每相绕组的电压是线电压的_____倍。

图 6-4 为定子绕组的三角形接法，此时每相绕组的电压是线电压的_____倍。

四、绘制接线图

1. 绘制元件布置图

2. 绘制接线图

学习活动三　制订工作计划

学习目标

1. 根据任务要求和施工图纸，结合现场勘察的实际情况，能制订工作计划。
2. 能按图纸、工艺要求、安全规程要求选择导线规格。
3. 会按清单准备工具、材料。
建议课时：4 课时

学习过程

　　查阅相关资料，了解任务实施的基本步骤，根据勘察的实际情况，结合作业施工的安全操作规程合理地进行人员分工、准备工具及材料清单、工序及工期安排、安全防护措施准备等等。

一、人员分工

1. 小组负责人：_____。
2. 小组人员及分工（表 6-3）

表 6-3　小组人员及分工记录

姓名	分工

二、准备工具及材料清单 （表 6-4）

表 6-4　工具及材料清单记录

序号	工具或材料名称	单位	数量	备注

续表

序号	工具或材料名称	单位	数量	备注

三、工序及工期安排（表 6-5）

表 6-5　工序及工期安排记录

序号	工作内容	完成时间	备注

四、安全防护措施

活动评价

以小组为单位，展示本组制订的工作计划。然后在教师点评基础上对工作计划进行修改完善，并根据以下评分标准进行评分。

评价内容	分值	评分		
		自我评价	小组评价	教师评价
计划制订是否有条理	10			
计划是否全面、完善	10			
人员分工是否合理	10			
任务要求是否明确	20			
工具清单是否正确、完整	20			
材料清单是否正确、完整	20			
是否团结协作	10			
合　计				

学习活动四　现场施工

学习目标

1. 能正确安装点动与连续正转控制线路。
2. 能正确使用万用表进行线路检测，完成通电试车，交付验收。
3. 能正确标注有关控制功能的铭牌标签，施工后能按照管理规定清理施工现场。

建议课时：20 课时

学习过程

本活动的基本施工步骤如下：

元器件检测→定位元器件→安装元器件→接线→自检→通电试车（调试）→交付验收。

一、元器件检测

按照表 6-6 所示元器件检测表进行相关检测。

表 6-6 元器件检测表

实物照片	名称	检测步骤	是否可用

实物照片	名称	检测步骤	是否可用

二、元器件位置固定

（1）查阅相关资料，写出元器件固定的工艺要求。

....

....

....

（2）按要求进行元器件固定操作，将操作中遇到的问题记录于表 6-7。

表 6-7　元器件安装情况记录

所遇到的问题	解决方法

三、根据接线图和布线工艺要求完成布线

板前明线布线原则是：

① 布线通道要尽可能少，同路并行导线按主、控电路分类集中，单层密排，紧贴安装面布线。

② 同平面的导线应高低一致或前后一致，不能交叉。非交叉不可时，该导线应在从接线端子引出时就水平架空跨越，且必须走线合理。

③ 布线应横平竖直、分布均匀。变换走向时应垂直转向。

④ 布线时严禁损伤线芯和导线绝缘。

⑤ 布线顺序一般以接触器为中心，按照由里向外、由低至高，以先控制电路、后主电路的顺序进行，以不妨碍后续布线为原则。

⑥ 在每根剥去绝缘层导线的两端套上编码套管。所有从一个接线端子（或接线桩）到另个接线端子（或接线桩）的导线必须连续，中间无接头。

⑦ 导线与接线端子或接线桩连接时，不得压绝缘层、不反圈、不露铜过长。同元件、同一回路不同接点的导线间距应保持一致。

⑧ 每个电气元件接线端子上的连接导线不得多于两根，每个接线端子上的连接导线一般只允许连接一根。

（1）按照以上原则进行布线施工，回答以下问题。

① 电源进线是否要跟接线端子（排）连接？ ＿＿＿＿＿＿＿＿＿＿＿＿。

② 按钮开关出来的导线是否要跟接线端子（排）连接？ ＿＿＿＿＿＿＿＿。

③ 该工作任务完成后，应张贴哪些标签？ ＿＿＿＿＿＿＿＿＿＿＿＿。

（2）按工艺要求进行布线，将操作中遇到的问题记录于表 6-8 中。

表 6-8　布线情况记录表

所遇到的问题	解决方法

四、自检

1. 安装完毕后进行自检

首先直观检查接线是否正确、规范。按电路图或接线图，从电源端开始逐段检查接线及接线端子处线号是否正确、有无漏接或错接之处。检查导线接点是否符合要求、接线是否牢固。同时注意接点接触应良好，以避免带负载运转时产生闪弧现象。并将存在的问题记录于表 6-9 中。

表 6-9　自检情况记录表（一）

自检项目	自检结果	出现问题的原因及解决办法
按照电路图正确接线	电路安装中存在_____处接线错误	
导线线圈反接	导线连接中有_____处反接	
元器件完好、导线无损伤	安装过程中损坏或碰伤元器件、导线有_____处	
布线美观、横平竖直，无交叉	布线不整齐不美观有____处,有交叉现象_____处	
导线松动,压线	电路安装中存在_____处接线松动,存在_____处压线	
其他问题		

2. 电阻法检测电路

电阻法检测电路示意图见图 6-5。

（1）检测控制电路

① 万用表检查时，应选用倍率适当的电阻挡，并进行校零，然后将万用表的表笔分别搭接在控制电路的进线端上，测量进线端之间的电阻，此时的读数应为"∞"。若读数为零，则说明线路有短路现象；若此时的读数为接触器线圈的电阻值，则说明线路接错会造成合上总电源开关后，在没有按下点动按钮 SB3（图中未画出）的情况下，接触器 KM 会直接获电动作。

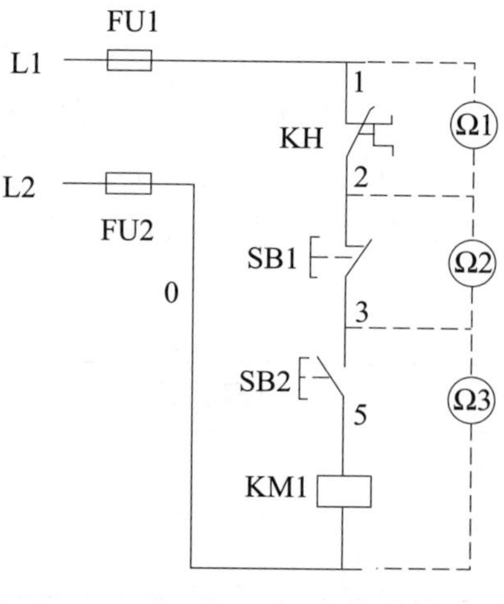

② 按下按钮 SB2 或 SB3（图中未画出），万用表读数应为接触器线圈的电阻值。同时按下停止按钮，此时的读数应为"∞"。

（2）测量主电路

① 万用表检查时，应选用倍率适当的电阻挡，并进行校零，然后将万用表的表笔分别搭接在任意两主电路的进线端上，测量进线端之间的电阻，此时的读数应为"∞"。若读数为零，则说明线路有短路现象。

② 人为将交流接触器 KM 吸合，万用表检查时，应选用倍率适当的电阻挡，并进行校零，然后将万用表的表笔分别搭接在任意两主电路的进线端上，

图 6-5　电阻法检测电路示意图

测量进线端之间的电阻，此时的读数应为电动机绕组的电阻值。若读数为零，则说明线路有短路现象。如果读数为"∞"，则有一相断开。

将自检情况记录于表 6-10 中。

表 6-10　自检情况记录表（二）

自检项目	自检结果	问题的原因及解决办法
控制电路:L1、L2 之间电阻	不按启动按钮: 按下启动按钮: 按下启动按钮同时按下停止按钮:	
主电路:L1、L2 之间电阻，L1、L3 之间电阻，L2、L3 之间电阻		
其他问题		

注意：如果按下 SB2，L1、L2 之间电阻为"∞"，可按上图依次测量 0-2、0-3、0-5 之间的电阻并做好记录，判断出故障点。

3. 电压法检测电路

电压法检测电路示意图见图 6-6。首先合上电源开关 QF，按下点动按钮 SB3，接触器 KM 不吸合，说明电源出现问题或控制电路有故障。测量检查时，首先把万用表的转换开关置于 500V 的挡位上。用万用表分别测量电源电压是否正常，若为 380V，则说明电源电压正常。然后一人按下启动按钮 SB3，另一人可用万用表的红、黑两根表笔逐段测量两点间的电压，根据测量结果可找出故障点。将自检情况记录于表 6-11 中。

表 6-11　自检情况记录表（三）

自检项目	自检结果	出现问题的原因及解决办法
控制电路		
主电路		
其他问题		

4. 用兆欧表检查线路的绝缘电阻

将 U、V、W 分别与兆欧表的 L 表笔相连，外壳与 E 相连。其阻值应不得小于 0.5MΩ。将测量结果记录于表 6-12 中。

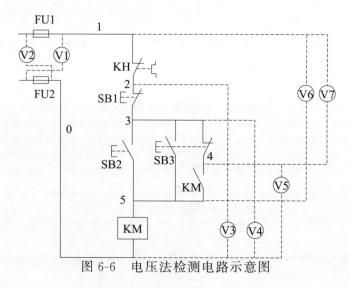

图 6-6　电压法检测电路示意图

表 6-12　自检情况记录表（四）

自检项目	自检结果	出现问题的原因及解决办法

五、通电试车

断电检查无误后，经教师同意，通电试车，观察电动机的运行状态，测量相关技术参数，若存在故障，及时处理。电动机运行正常无误后，标注有关控制功能的铭牌标签，清理施工现场，交付验收人员检查。

（1）查阅相关资料，写出通电试车的一般步骤。

（2）通电试车的安全要求有哪些？

（3）通电试车过程中，若出现异常现象，应立即检修。按照故障检修的一般步骤，在教师指导下进行检修操作，并记录操作过程和测试结果于表 6-13 中。先不带电机通电试车，试车成功后再带电机试车操作。

表 6-13　故障检修记录表

故障现象	故障原因	检修思路

学习活动五　交付验收

学习目标

1. 施工后，能对线路进行安全通电。
2. 能正确填写验收单，并交付验收。
建议课时：2 课时

学习过程

（1）在验收阶段，各小组派出代表进行交叉验收，并填写详细验收记录于表 6-14。

表 6-14　验收过程问题记录表

验收问题	整改措施	完成时间	备注

（2）以小组为单位认真填写任务验收报告（表 6-15）及考核验收单，并将学习活动一中的工作任务单填写完整。

表 6-15　任务验收报告

工程项目名称	点动与连续正转控制线路安装与检修			
建设单位		联系人		
地址		电话		
施工单位		联系人		
地址		电话		
项目负责人		施工周期		
工程概况				
现存问题		完成时间		
改进措施				
验收结果	主观评价	客观测试	施工质量	材料移交

考核验收单

考核项目:电动机点动与连续 正转控制电路安装与检修		分值	评分		
			自我评分	小组评分	教师评分
元器件的 定位及安装	元器件无损伤	20			
	元器件安装平整、对称				
	按图装配,元器件位置、极性正确				
布线	按电路图正确接线	40			
	布线方法、步骤正确,符合工艺要求				
	布线横平竖直、整洁有序,接线紧固 美观				
	电源和电动机按钮正确接到端子排 上,并准确注明引出端子号				
	接点牢固、接头露铜长度适中,无反 圈、压绝缘层、标记号不清楚、标记号遗 漏或误标等问题				
	施工中导线绝缘层或线芯无损伤				
通电调试	热继电器整定值设定正确	30			
	设备正常运转无故障				
	出现故障正确排除				
安全文明 生产	遵守安全文明生产规程	10			
	施工完成后认真清理现场				

施工额定用时＿＿＿＿ 实际用时＿＿＿＿ 超时扣分＿＿＿＿

验收意见	□ 合格　　通过考核验收	
	□ 不合格　　需返回学习练习,延时验收	
	第　　组　　　组长签名:	教师签名:
	评语:	

日期:　　年　　月　　日

【总结与评价】

建议课时：4 课时

以小组为单位，选择演示文稿、展板、海报、录像等形式中的一种或几种，向全班展示、汇报学习成果，并完成评价单的填写。

评价单

评价类别	项目	子项目	自我评价	组内互评	教师评价
专业能力（60分）	资讯（10分）	收集信息			
		引导问题回答			
	计划（5分）	计划可执行度			
		材料工具安排			
	实施（20分）	操作规范			
		功能实现			
		"6S"质量管理			
		安全用电			
		创意和拓展性			
	检查（10分）	全面性、准确性			
		故障的排除			
	过程（5分）	使用工具规范性			
		操作过程规范性			
		工具和仪表使用管理			
	检查（10分）	结果质量			
社会能力（20分）	团结协作（10分）	小组成员合作良好			
		对小组的贡献			
	敬业精神（10分）	学习纪律性			
		爱岗敬业、吃苦耐劳精神			
方法能力（20分）	计划能力（10分）				
	决策能力（10分）				

评价评语	班级		姓名		学号		总评	
	教师签名		第组	组长签名			日期	
	评语：							

课题任务教学意见反馈表

我喜欢的:☺
我不喜欢的:☹
我不理解的:?
我的建议:★
学到的最重要的课程:

填表日期:　　年　月　日

📑 学习总结：

任务七

电动机正反转控制电路安装与检修

📚 任务目标

1. 能通过阅读工作任务联系单和现场勘察，明确工作任务要求。
2. 能正确描述卷扬机控制电路的结构、作用和运动形式，认识相关低压电器的外观、结构、用途、型号、应用场合等。
3. 能正确识读电气原理图，正确绘制安装图、接线图，明确控制器件的动作过程和控制原理。
4. 能按图纸、工艺要求、安全规范等正确安装元器件，并完成接线。
5. 能正确使用仪表检测电路安装的正确性，按照安全操作规程完成通电试车。
6. 能正确标注有关控制功能的铭牌标签，施工后能按照管理规定清理施工现场。

建议课时：44 课时

⚙ 学习情境描述

　　校企合作，电气系跟某建筑公司合作，接受一批卷扬机检修工作，电气控制部分严重老化无法正常工作，需进行重新安装，我班接受此任务，要求在规定期限完成安装、调试，并交有关人员验收。

➡ 学习流程与活动

1. 明确工作任务并收集信息。
2. 施工前的准备。
3. 制订工作计划。
4. 现场施工。
5. 交付验收。
6. 总结与评价。

学习活动一　明确工作任务并收集信息

学习目标

1. 能通过阅读工作任务联系单，明确工作内容、工时等要求。
2. 能描述卷扬机的结构、作用、运动形式及各个电气元件所在位置和作用。

建议课时：4 课时

学习过程

一、阅读工作任务联系单

阅读工作任务联系单（表 7-1），说出本次任务的工作内容、时间要求及交接工作的相关负责人等信息，并根据实际情况补充完整。

表 7-1　工作任务联系单

安装项目			电动机正反转控制电路的安装与检修		
安装时间			制作地点	学校电气实训室	
项目描述					
申报部门	电气系	承办人	张三	开始时间	年　月　日
		联系电话	3862291		
制作单位	电气班	责任人		承接时间	年　月　日
		联系电话			
制作人员				完成时间	年　月　日
验收意见				验收人	
负责人签字			设备科负责人签字		

二、勘察现场，收集信息和材料

翻阅相关资料，查阅卷扬机控制电路的结构、作用和运动形式，并做好记录。

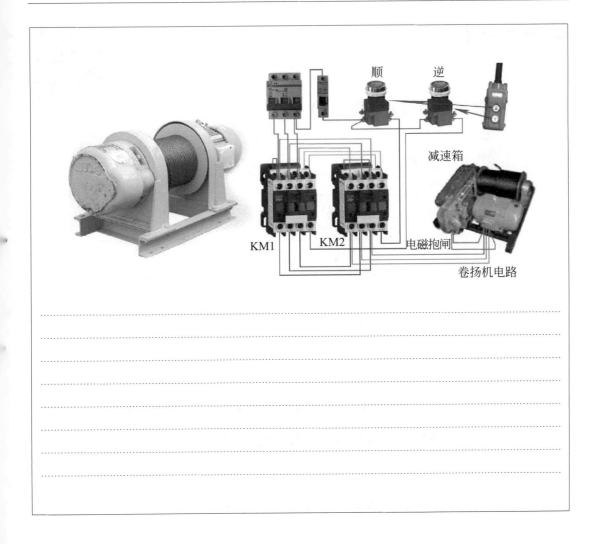

顺　　逆

减速箱

电磁抱闸

KM1　　KM2

卷扬机电路

学习活动二　施工前的准备

学习目标

1. 认识本任务所用低压电器，能描述它们的结构、用途、型号、应用场合。
2. 能准确识读电气元件符号。
3. 能正确识读正反转控制电气原理图。
4. 能正确绘制电气布置图和接线图。
5. 能根据任务要求和实际情况，合理制订工作计划。

建议课时：10 课时

🖊 学习过程

一、识读电路原理图（图 7-1）

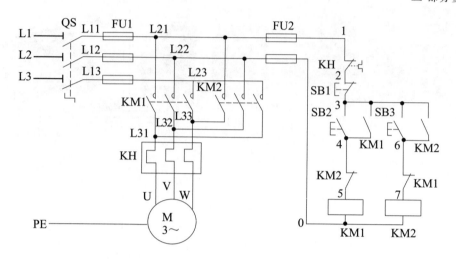

图 7-1　三相异步电动机接触器联锁正反转控制电路原理图

（1）本电路用到几个交流接触器？作用分别是什么？

....

....

（2）正、反转控制电路是如何实现电动机转向的？

....

....

（3）SB3、SB1、SB2 在电路中的作用分别是什么？

....

....

（4）描述电动机正转跟反转的工作原理。

....

....

（5）本电路中，如果电动机正在进行正转运行，同时按下反转启动按钮，电动机会反转吗？为什么？

....

....

二、绘制接线图

1. 绘制元件布置图

2. 绘制接线图

学习活动三　制订工作计划

学习目标

1. 根据任务要求和施工图纸，结合现场勘察的实际情况，能制订工作计划。
2. 能按图纸、工艺要求、安全规程要求选择导线规格。
3. 会根据清单准备工具、材料。

建议课时：4 课时

学习过程

查阅相关资料，了解任务实施的基本步骤，根据勘察的实际情况，结合作业施工的安全操作规程合理地进行人员分工、准备工具及材料清单、工序及工期安排、安全防护措施准备等等。

一、人员分工

1. 小组负责人：_____。

2. 小组人员及分工（表 7-2）

表 7-2　小组人员及分工记录

姓名	分工

二、准备工具及材料清单（表 7-3）

表 7-3　工具及材料清单记录

序号	工具或材料名称	单位	数量	备注

三、工序及工期安排（表 7-4）

表 7-4　工序及工期安排记录

序号	工作内容	完成时间	备注	

四、安全防护措施

活动评价

　　以小组为单位，展示本组制订的工作计划。然后在教师点评基础上对工作计划进行修改完善，并根据以下评分标准进行评分。

评价内容	分值	评分		
		自我评价	小组评价	教师评价
计划制订是否有条理	10			
计划是否全面、完善	10			
人员分工是否合理	10			
任务要求是否明确	20			
工具清单是否正确、完整	20			
材料清单是否正确、完整	20			
是否团结协作	10			
合　计				

学习活动四　现场施工

 学习目标

1. 能正确安装与检修正反转控制线路。
2. 能正确使用万用表进行线路检测，完成通电试车，交付验收。
3. 能正确标注有关控制功能的铭牌标签，施工后能按照管理规定清理施工现场。

建议课时：20 课时

✎ **学习过程**

　　本活动的基本施工步骤如下：

　　元器件检测→定位元器件→安装元器件→接线→自检→通电试车（调试）→交付验收。

一、元器件检测

　　根据实际情况对元器件进行检测，并填写表 7-5。

表 7-5　元器件检测表

实物照片	名称	检测步骤	是否可用

实物照片	名称	检测步骤	是否可用

二、元器件位置固定

（1）查阅相关资料，写出元器件固定的工艺要求。

（2）按要求进行元件固定操作，将操作中遇到的问题记录于表 7-6。

表 7-6　元器件安装情况记录表

所遇到的问题	解决方法

三、根据接线图和布线工艺要求完成布线

按照板前明线布线原则进行布线施工，回答以下问题：

（1）电源进线是否要跟接线端子（排）连接？ _____。

（2）按钮开关出来的导线是否要跟接线端子（排）连接？ _____。

（3）该工作任务完成后，应张贴哪些标签？ _____。

（4）按工艺要求进行布线，将操作中遇到的问题记录于表 7-7。

表 7-7　控制线路安装情况记录表

所遇到的问题	解决方法

四、自检

1. 安装完毕后进行自检

首先直观检查接线是否正确、规范。按电路图或接线图，从电源端开始逐段检查接线及接线端子处线号是否正确、有无漏接或错接之处。检查导线接点是否符合要求、接线是否牢固。同时注意接点接触应良好，以避免带负载运转时产生闪弧现象。并将存在的问题记录于表 7-8。

表 7-8　自检情况记录表（一）

自检项目	自检结果	出现问题的原因及解决办法
按照电路图正确接线	电路安装中存在_____处接线错误	
导线线圈反接	导线连接中有_____处反接	
元器件完好、导线无损伤	安装过程中损坏或碰伤元器件、导线有_____处	
布线美观、横平竖直，无交叉	布线不整齐不美观有_____处，有交叉现象_____处	
导线松动，压线	电路安装中存在_____处接线松动，存在_____处压线	
其他问题		

2. 电阻法检测电路

电阻法检测电路示意图见图 7-2。

（1）检测控制电路

① 万用表检查时，应选用倍率适当的电阻挡，并进行校零，然后将万用表的表笔分别搭接在控制电路的进线端上，测量进线端之间的电阻，此时的读数应为"∞"。若读数为零，则说明线路有短路现象；若此时的读数为接触器线圈的电阻值，则说明线路接错会造成合上总电源开关后，在没有按下按钮 SB1 的情况下，接触器 KM 会直接获电动作。

② 按下按钮 SB2 或 SB3（图中未画出），万用表读数应为接触器线圈的电阻值。同时按下停止按钮，此时的读数应为"∞"。

③ 按下按钮 SB2 和 SB3（图中未画出），万用表读数应为 1/2 接触器线圈的电阻值。同时按下停止按钮，此时的读数应为"∞"。

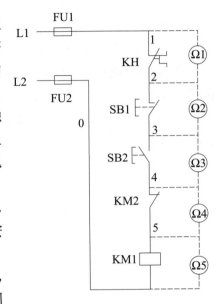

图 7-2　电阻法检测电路示意图

（2）测量主电路

① 万用表检查时，应选用倍率适当的电阻挡，并进行校零，然后将万用表的表笔分别搭接在任意两主电路的进线端上，测量进线端之间的电阻，此时的读数应为"∞"。若读数为零，则说明线路有短路现象。

② 人为将交流接触器 KM 吸合，万用表检查时，应选用倍率适当的电阻挡，并进行校零，然后将万用表的表笔分别搭接在任意两主电路的进线端上，测量进线端之间的电阻，此时的读数应为电动机绕组的电阻值。若读数为零，则说明线路有短路现象。如果读数为"∞"，则有一相断开。将情况记录于表 7-9 中。

表 7-9　自检情况记录表（二）

自检项目	自检结果	问题的原因及解决办法
控制电路:L1、L2 之间电阻	不按启动按钮： 按下启动按钮： 按下启动按钮同时按下停止按钮：	
主电路:L1、L2 之间电阻，L1、L3 之间电阻,L2、L3 之间电阻		
其他问题		

注意：如果按下 SB2，L1、L2 之间电阻为"∞"，可按上图依次测量 0-2、0-3、0-4、0-5 之间的电阻并做好记录，判断出故障点。

3. 电压法检测电路

电压法检测电路示意图见图 7-3。

首先合上电源开关 QF，按下按钮 SB1，接触器 KM 不吸合，说明电源出现问题或控制电路有故障。测量检查时，首先把万用表的转换开关置于 500V 的挡位上。用万用表分别测量电源电压是否正常，若为 380V，则说明电源电压正常。然后一人按下启动按钮 SB1，另一人可用万用表的红、黑两根表笔逐段测量任两点间的电压，根据测量结果可找出故障点。将自检情况记录于表 7-10 中。

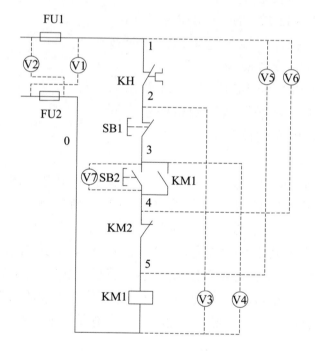

图 7-3　电压法检测电路示意图

表 7-10　自检情况记录表（三）

自检项目	自检结果	出现问题的原因及解决办法
控制电路		
主电路		
其他问题		

4. 用兆欧表检查线路的绝缘电阻

将 U、V、W 分别与兆欧表的 L 表笔相连，外壳与 E 相连。其阻值应不得小于 0.5MΩ。将测量结果记录于表 7-11。

表 7-11 自检情况记录表（四）

自检项目	自检结果	出现问题的原因及解决办法

五、通电试车

断电检查无误后，经教师同意，通电试车，观察电动机的运行状态，测量相关技术参数，若存在故障，及时处理。电动机运行正常无误后，标注有关控制功能的铭牌标签，清理施工现场，交付验收人员检查。

① 查阅相关资料，写出通电试车的一般步骤。

② 通电试车的安全要求有哪些？

③ 通电试车过程中，若出现异常现象，应立即检修。按故障检修的一般步骤，在教师指导下进行检修操作，并记录操作过程和测试结果于表 7-12。先不带电机通电试车，试车成功后再带电机试车操作。

表 7-12 故障检修记录表

故障现象	故障原因	检修思路

学习活动五　交付验收

学习目标

1. 施工后，能对线路进行安全通电。
2. 能正确填写验收单，并交付验收。
建议课时：2 课时

学习过程

（1）在验收阶段，各小组派出代表进行交叉验收，并填写详细验收记录于表 7-13。

表 7-13　验收过程问题记录表

验收问题	整改措施	完成时间	备注

（2）以小组为单位认真填写任务验收报告，并将学习活动 1 中的工作任务单（表 7-14）填写完整。

表 7-14　任务验收报告

工程项目名称	电动机正反转控制线路安装与检修			
建设单位		联系人		
地址		电话		
施工单位		联系人		
地址		电话		
项目负责人		施工周期		
工程概况				
现存问题		完成时间		
改进措施				
验收结果	主观评价	客观测试	施工质量	材料移交

考检验收单

考核项目:电动机正反转控制电路安装与检修		分值	评分		
			自我评分	小组评分	教师评分
元器件的定位及安装	元器件无损伤	20			
	元器件安装平整、对称				
	按图装配,元器件位置、极性正确				
布线	按电路图正确接线	40			
	布线方法、步骤正确,符合工艺要求				
	布线横平竖直、整洁有序,接线紧固美观				
	电源和电动机按钮正确接到端子排上,并准确注明引出端子号				
	接点牢固、接头露铜长度适中,无反圈、压绝缘层、标记号不清楚、标记号遗漏或误标等问题				
	施工中导线绝缘层或线芯无损伤				
通电调试	热继电器整定值设定正确	30			
	设备正常运转无故障				
	出现故障正确排除				
安全文明生产	遵守安全文明生产规程	10			
	施工完成后认真清理现场				
施工额定用时_____实际用时_____超时扣分_____					

验收意见	□ 合格　　　通过考核验收
	□ 不合格　　需返回学习练习,延时验收
	第　　组　　　组长签名:　　　　　　教师签名:
	评语:

日期:　　年　　月　　日

【总结与评价】

建议课时：4 课时

以小组为单位，选择演示文稿、展板、海报、录像等形式中的一种或几种，向全班展示、汇报学习成果，并完成评价单的填写。

评价单

评价类别	项目	子项目	自我评价	组内互评	教师评价
专业能力 （60分）	资讯（10分）	收集信息			
		引导问题回答			
	计划（5分）	计划可执行度			
		材料工具安排			
	实施（20分）	操作规范			
		功能实现			
		"6S"质量管理			
		安全用电			
		创意和拓展性			
	检查（10分）	全面性、准确性			
		故障的排除			
	过程（5分）	使用工具规范性			
		操作过程规范性			
		工具和仪表使用管理			
	检查（10分）	结果质量			
社会能力 （20分）	团结协作 （10分）	小组成员合作良好			
		对小组的贡献			
	敬业精神 （10分）	学习纪律性			
		爱岗敬业、吃苦耐劳精神			
方法能力 （20分）	计划能力（10分）				
	决策能力（10分）				

评价评语	班级		姓名		学号		总评	
	教师签名		第　组	组长签名			日期	
	评语：							

课题任务教学意见反馈表

我喜欢的:☺
我不喜欢的:☹
我不理解的:⑦
我的建议:★
学到的最重要的课程:

填表日期: 年 月 日

学习总结：

参 考 文 献

[1]　全国特种作业人员安全技术培训考核统编教材编委会．电工作业［M］．北京：气象出版社，2007．

[2]　徐三元．低压电工作业［M］．北京：中国矿业大学出版社，2015．

[3]　王兆晶．安全用电［M］．北京：中国劳动社会保障出版社，2007．

[4]　余寒．电动机继电控制线路安装与检修［M］．北京：中国劳动社会保障出版社，2013．

[5]　李敬梅．电力拖动控制线路与技能训练［M］．北京：中国劳动社会保障出版社，2007．

[6]　张敏．照明线路安装与检修［M］．北京：中国劳动社会保障出版社，2013．

[7]　陈圣鑫．照明线路安装与检修［M］．北京：电子工业出版社．

[8]　陈惠群．电工仪表与测量［M］．北京：中国劳动社会保障出版社，2007．

[9]　王建．维修电工技能训练［M］．北京：中国劳动社会保障出版社，2007．

[10]　杨少光．电工技术基础与技能［M］．南宁：广西教育出版社，2009．

[11]　刘积标，黄西平．电工技术实训［M］．广州：华南理工大学出版社，2007．

[12]　伦洪山，柯坚．电气控制技术基础［M］．北京：电子工业出版社，2010．

[13]　刘海燕，叶勇盛，唐李珍．电工与电子技术及应用［M］．北京：电子工业出版社，2016．